LETTRES A JULIE

SUR

L'ENTOMOLOGIE.

LYON. — IMPR. DE G. ROSSARY,
RUE SAINT-DOMINIQUE, N° 1.

LETTRES A JULIE

SUR

L'ENTOMOLOGIE,

SUIVIES D'UNE

DESCRIPTION MÉTHODIQUE DE LA PLUS GRANDE PARTIE
DES INSECTES DE FRANCE,

Ornées de Planches,

DESSINÉES ET GRAVÉES PAR MM. LANVAIN ET DUMÉNIL,

PAR M. E. MULSANT.

—

TOME I.

LYON.

LOUIS BABEUF, ÉDITEUR, RUE ST-DOMINIQUE, N° 2.

PARIS.

TREUTTEL ET WURTZ, RUE DE BOURBON, N° 17.
LEVAVASSEUR, PALAIS-ROYAL.

1830.

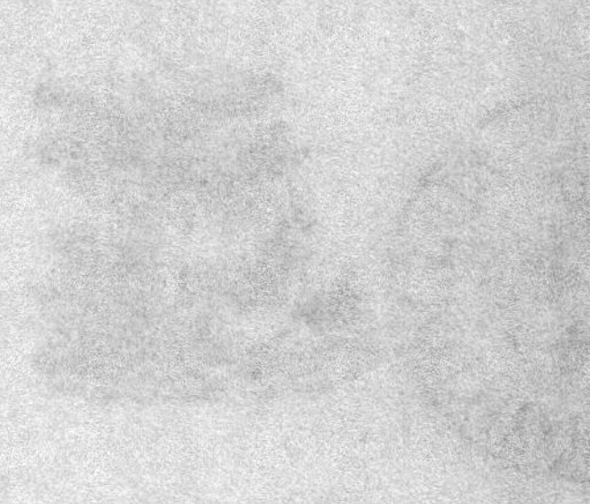

PRÉFACE.

Depuis qu'un écrivain célèbre du siècle dernier nous a révélé, dans ses Lettres sur la Botanique, tout l'attrait que peut offrir cette aimable science, son étude est devenue pour le philosophe un délassement à ses graves méditations, et pour les femmes même un passe-temps aussi varié qu'amusant. Pourquoi l'Entomologie, cette autre partie de l'Histoire générale de la Nature, n'obtiendrait-elle pas la même faveur? Les ruses si curieuses des insectes présentent-elles moins d'intérêt que les amours mystérieuses des plan-tes? Les cuirasses étincelantes de plusieurs Co-léoptères, les ailes de la plupart des Papillons, sur lesquelles l'or, la nacre, l'émeraude ou l'azur se jouent et se nuancent avec des reflets inimitables, sont-elles moins dignes de captiver nos regards que la corolle veloutée de ces fleurs, dont l'éclat nous ravit? Je ne croirais donc pas mon travail dépourvu de toute utilité, si, en publiant un ouvrage qui n'était pas destiné à voir le jour, je pouvais inspirer le goût d'une science à laquelle les Réaumur, les de Géer, les Bonnet ont consacré une partie de leur vie, et qui nous dévoile les merveilles les plus surprenantes de la création.

La marche que j'ai suivie était indiquée par la nature même du sujet que j'avais à traiter. Après avoir développé dans les premières pages les connaissances préliminaires, c'est-à-dire, avoir énuméré les diverses parties qui composent le corps des insectes, donné quelques détails sur leur génération, sur les soins qu'ils prennent avant leur mort pour assurer le bien-être de leur progéniture à venir, expliqué les changemens qu'ils subissent avant de parvenir à leur état le plus brillant, et payé un juste tribut d'éloges aux savans à qui nous sommes redevables de tant de découvertes, j'ai exposé la division méthodique qui nous conduit à la connaissance des *ordres* et des *familles* de cette grande classe.

On sentira facilement que pour la description des mœurs je devais m'arrêter à ces groupes principaux. Les coupes génériques ont été si multipliées par les auteurs modernes, leur nombre s'est tellement accru par suite des découvertes faites depuis le commencement de ce siècle, qu'elles finiront, ainsi que l'a remarqué le premier Entomologiste de nos jours [1], « par être « le partage exclusif de quelques naturalistes, et « que leur exposition, du moins complète, sera « exclue des cours publics. » Je me suis donc restreint à donner l'histoire des insectes suivant les rapports naturels qui les réunissent en familles, qui correspondent à peu près aux *genres* de Linné, et presque toujours aux *tribus* de M. Latreille.

M. Latreille. *Familles naturelles du Règne animal, pag.* 3.

Pour dégager mes récits de l'aridité qu'aurait infailliblement répandu sur eux l'emploi trop fréquent du langage entomologique, j'ai fait précéder chaque lettre d'un exposé des caractères scientifiques de la famille qui fait le sujet de la leçon. Par ce moyen, le jeune élève pourra suivre avec plus de facilité le fil méthodique qui lie toutes les sections de l'ouvrage, et trouvera dans la partie historique moins de sécheresse ou plus d'agrément.

La méthode employée est celle du savant M. Latreille, que j'ai tâché quelquefois de rendre plus élémentaire, en la modifiant d'après les écrits de M. Duméril et des autres auteurs, ou d'après mes propres observations.

A la fin de chaque volume les familles se trouvent subdivisées en genres et en espèces qui renferment la plus grande partie des insectes de France. Le plan que je m'étais tracé de ne parler que des petits animaux qui habitent notre patrie, m'a permis d'élaguer plusieurs coupes génériques fondées sur des individus exotiques, et de réduire, à l'exemple de Lamarck, ces sections devenues si nombreuses de nos jours, à celles dont les caractères sont les plus tranchans et les plus nettement dessinés. Cependant, pour élever le jeune ami de la Nature à la hauteur des connaissances actuelles, j'ai offert dans la synonymie des auteurs, jointe à la description des espèces, le nom de ces genres que je n'ai pas cru devoir adopter. Là, on s'étonnera sans doute de ne point voir figurer parmi les écrivains cités le savant Schönherr, dont les recherches sont si minutieuses et si exactes; mais j'observerai qu'ayant écrit principalement pour les dames, je devais négliger tous les ouvrages publiés dans un idiome qui ne leur est point familier.

Afin de faciliter la connaissance des caractères extérieurs des insectes, j'ai fait représenter, sur des planches exécutées par deux de nos premiers artistes, au moins une espèce de chaque famille dont j'ai esquissé les mœurs. Enfin, pour compléter cet ouvrage, j'ai présenté l'étymologie de tous les noms obscurs, et donné, dans un glossaire placé à la fin, l'explication de tous les termes scientifiques.

Tels sont les efforts que j'ai faits pour aplanir les difficultés qui hérissent les abords d'une science si féconde en merveilles : heureux si le sexe aimable, à qui j'offre ces faibles essais, daigne sourire à mon travail !

LETTRES A JULIE.

:::

A ma Femme.

———————

Tandis que loin de ta présence
J'attendais le moment heureux
Où ta main, promise à mes vœux,
Devait couronner ma constance ;
Pour charmer ces trop longs instans,
J'aimais de l'Entomologie
A t'enseigner les élémens ;
Cette occupation chérie

Enchantait mon cœur et mes goûts.
Aujourd'hui qu'un titre plus doux
A mon âme te rend plus chère,
Je devrais, trop heureux époux,
Goûter mon bonheur et me taire ;
Mais, tu l'ordonnes, pour te plaire
Je livre au hasard ces récits,
Produits légers de ma jeunesse,
Qui sans effort de ma paresse
Pour toi seule furent écrits ;
Plus d'un succès leur est promis,
Si dans leur publique existence
Ils retrouvent ta bienveillance,
Ton accueil pour moi si flatteur ;
Mais si la critique ennemie
Les accable d'un trait vengeur,
A l'oubli consacrant ma vie,
Je saurai près de toi, Julie,
Me consoler de sa rigueur ;
Qui te connaît, à mon bonheur
Pourrait encor porter envie.

———

Lettre Première.

CHASSE AUX INSECTES.

Vous m'aviez ordonné, Julie, de vous faire le récit de la chasse aux insectes à laquelle je me livrai, le printemps passé, dans nos montagnes du Beaujolais ; peu rassuré sur mon talent, pour vous présenter l'esquisse de ce tableau d'une manière qui pût vous plaire, je cherchais, je l'avoue, quelques raisons pour m'en dispenser, cependant

> Refuser quelque chose à cousine jolie
> Est peu de mode en ce pays,
> Surtout quand les talens à l'esprit réunis
> S'efforcent à l'envi de la rendre accomplie.

Comment résister, d'ailleurs, au plaisir de vous écrire ? comment n'en point saisir l'occasion avec empressement? je me rends donc à vos désirs, en comptant toutefois sur une indulgence dont j'ai besoin.

> Je ne redoute pas qu'un Zoïle sévère
> Critique mes faibles écrits;
> S'ils ont le bonheur de vous plaire,
> De sa censure je me ris.

Le matin de cette journée, une des plus belles de ma vie, j'étais encore plongé dans les douceurs d'un repos paisible, et, libre des inquiétudes qui troublent les mortels, j'errais dans la région imaginaire des songes, quand mes deux amis, Eugène et Myrthil, fidèles au rendez-vous donné, vinrent me tirer de cette voluptueuse situation. Nous avions tout disposé la veille pour notre départ; je les rejoignis aussitôt et nous nous mîmes en route.

A peine quittions nous notre demeure, que l'airain paisible qui marque uniformément les instans de notre vie, fit entendre trois fois son son argentin. Tout était calme et tranquille dans la nature; le ciel était sans nuages : les étoiles réfléchissaient sur le voile de la nuit leur clarté scintillante, et nous hâtions nos pas pour nous trouver au point du jour à l'entrée d'un bosquet où nous avions projeté d'arriver. Nous étions à notre poste, quand l'aurore vint blanchir de sa lueur faible encore la cime de nos coteaux. Je ne vous peindrai pas, Julie, l'impression que fit sur nous ce spectacle ravissant; déjà plusieurs fois, sans doute, la vue de ces beautés vous a fait sentir ces émotions douces que peuvent seuls connaître les cœurs vertueux.

O momens précieux! momens dignes d'envie!
Vallon charmant, lieux enchantés,
Qui captiviez et notre âme ravie,
Et nos sens agités,
Puissiez-vous, plusieurs fois encore,
Me faire éprouver ce bonheur
Et cette volupté, ce plaisir enchanteur,
Que produisit en nous le lever de l'aurore!

Les arbrisseaux qu'Eugène et moi, avions le soin de secouer, laissaient tomber dans un parapluie renversé à leurs pieds les insectes que recélait leur feuillage, tandis qu'aussi heureux qu'adroit, Myrthil faisait la guerre à ceux qui voltigeaient encore à cette clarté douteuse; mais bientôt le soleil vint faire rentrer dans le repos toutes ces espèces amies des ombres, et rendre à la nature tout son éclat. Les arbres, agités par la brise légère et parés des larmes de l'aurore, montraient sur leur feuillage humide les couleurs de l'écharpe d'Iris; l'hirondelle quittait son nid à moitié bâti, pour effleurer d'une aile rapide la surface du liquide élément; l'allouette s'élevait en chantant dans les airs, et les divers oiseaux, cachés sous la feuille naissante, commençaient à gazouiller leur douce chanson d'amour. C'était trop de merveilles à la fois : notre cœur était plein d'une ivresse qu'il ne pouvait dépeindre; nos paupières étaient humides de jouissance.

Ainsi, quand je vous vois, mes yeux seuls peuvent dire
Ce qui se passe dans mon cœur :
Dans l'excès d'un si doux bonheur,
Ma langue est sans parole et mon âme en délire.

Nous avions déjà pris un certain nombre d'in-sectes que nous avions fixés dans nos boîtes foncées en liège, en mettant toutefois en liberté ceux dont la pluralité nous paraissait inutile. Je vous vois déjà vous récrier avec raison sur la barbarie avec laquelle nous traitons ces petites créatures : c'est, sans doute, un des désagrémens de la science, mais chaque chose n'a-t-elle pas ses épines?

Quand sur sa tige, à peine éclose,
Vous cueillez au jardin la fille du printemps,
Pouvez-vous détacher la rose
Sans saisir aussi les piquants ?

Nous parcourions des champs cultivés sur le penchant d'une colline. Nos yeux attentifs aux moindres objets, cherchaient tout ce qui pouvait exciter notre curiosité. Le papillon du Nerprun, aux ailes couleurs de citron, venait recueillir dans l'Ancolie vulgaire le suc que renferment ses nectaires recourbés, quand mon filet l'arracha au sein des plaisirs, en lui ravissant sa liberté. J'étais à le mettre à part quand l'Hémérobe vert, aux yeux couleur de perle, vint imprudemment voltiger près de moi; sa témérité lui couta cher : Myrthil l'aperçut et le malheureux augmenta bientôt le nombre de nos trésors. Une fougère, placée à quelques pas de nous, frappa nos regards : elle semblait couverte de diamans;

nous nous en approchâmes avec empressement, et quelle ne fut point notre surprise en voyant sur les tiges de cette plante une foule de scarabées écailleux, dont le corps, paré de l'azur le plus tendre, de l'argent le plus brillant, jetait l'éclat qui nous avait ébloui. Ces animaux tranquilles habitaient ensemble sans querelles et sans mésintelligence.

> Tableaux rians, tableaux champêtres,
> Qui rappellent l'époque où vivaient nos ancêtres;
> Ces temps où sous les mêmes toits
> Chaque famille réunie,
> Goûtait la paix et l'harmonie,
> A l'abri bienfaiteur des paternelles lois.
> Dans ces jours heureux d'innocence,
> Qu'on a surnommés l'âge d'or,
> Les mortels ignoraient encor
> Des combats meurtriers la funeste science;
> La paix régnait sur l'univers;
> La boëte donnée à Pandore,
> De son sein n'avait pas encore
> Fait sortir tous les maux divers;
> La foule hardie et profane
> N'osait point obstruer les portiques déserts
> Du noir palais de la chicane;
> Les époux s'aimaient de bon cœur,
> La concorde toujours habitait leur ménage;
> Et ceux qui de l'amour goûtaient le doux servage,
> Dans la fidélité trouvaient tous le bonheur.

Comme vous le voyez, mon amie, ces temps fortunés sont passés pour nous; mais les animaux, plus fidèles à conserver les mœurs antiques, nous donnent encore l'exemple de cette harmonie charmante qui régnait dans les premiers siècles du monde.

Nous avancions toujours cependant, en nous éloignant des lieux cultivés, et déjà nous perdions de
vue les coteaux peuplés que nous avions traversés,
lorsqu'une habitation rustique modestement couverte
de chaume se présenta devant nous. En considérant
l'isolement dans lequel se trouvait cette maisonnette,
mon cœur battit involontairement, et l'idée du
bonheur habitant ces humbles toits vint aussitôt
s'offrir à mon âme émue. Sans doute, dis-je à mes
amis,

En cette aimable solitude,
Deux époux sans inquiétude
Coulent leurs jours dans la félicité;
Le travail, la sobriété,
Habitent ces humbles retraites,
Leur font trouver des délices secrètes
Dans une utile activité.
C'est là, c'est à l'ombrage antique
De cet ormeau voisin de la maison,
Qu'ils viennent quelquefois prendre un repas rustique,
Aux jours de la belle saison;
C'est dans ces riantes prairies,
Qu'entrecoupent de clairs ruisseaux,
Qu'auprès de leurs mères chéries
Bondissent les jeunes agneaux,
Tandis que folâtre, indocile,
Souvent la chèvre en bondissant,
Va d'un pied et leste et facile
Grimper sur un rocher glissant.
Enfin, c'est là, dans ce bocage,
Qu'eux-mêmes, quelquefois, évitant la chaleur,
Viennent goûter la fraîcheur de l'ombrage,
Et que dans une douce ardeur
Ils se tiennent tendre langage....

Tandis que les oiseaux cachés dans le feuillage
Applaudissent à leur bonheur.

Permettez-moi de renvoyer à un autre jour la suite
de ce récit : venez, en attendant vous reposer avec
nous sur les fleurs foulées par les habitans de ces
lieux solitaires. Mais, hélas ! que n'étiez-vous réelle-
ment alors de la partie. Ce ruisseau, cette verdure
et le calme dont nous jouissions, vous auraient fait
goûter des plaisirs que la ville ne saurait vous offrir.

Dans ces bosquets silencieux,
Le murmure des eaux, les chants de Philomèle,
Le demi-jour délicieux
Que procure aux amis le feuillage fidèle,
Tout à leur sentimens donne une ardeur nouvelle;
Il semble enfin qu'on s'aime mieux.

Nous nous assîmes pour prendre un frugal repas
sur le gazon fleuri qu'ombrageait le pied d'un chêne,
et là, les yeux fixés sur la chaumière que nous ve-
nions de découvrir, le cœur agité et plongé dans
une douce mélancolie, nous jouissions d'une ivresse
que vous avez ressentie quelquefois peut-être, mais
qu'aucun langage ne saurait exprimer.

Adieu, je vous livre aux rêveries que fit naître en
nous le spectacle de la félicité qu'il nous semblait
avoir sous les yeux.

Adieu; je sens, si je pouvais un jour
Habiter avec vous un semblable séjour,
Que je ne voudrais pas de même ,

Contre tous les palais du roi le plus vanté,
　　Changer cet asile enchanté,
　　Où, près de la femme que j'aime,
　　Je jouirais du bien suprême
　　Dans le sein de l'obscurité.

Lettre Deuxième.

SUITE.

Venez, mon amie, nous accompagner encore dans le voyage agréable que nous avons commencé.

> Le long de ces ruisseaux tranquilles,
> Dans ces silencieux bosquets,
> Dans ces solitaires asiles,
> Séjour du calme et de la paix,
> Il est si doux d'errer loin du fracas des villes!

Voyez-nous, Julie, dans les prés émaillés qui tapissent le fond de la vallée, nous livrant avec ardeur à notre chasse productive, ou parfois assis sur le bord de l'onde, à l'ombrage du bouleau, consacrant quelques instans aux sensations douces que nous éprouvions. Remarquez ces papillons, modèles d'inconstance, images du plaisir, voltigeant de fleur en fleur, se jouant dans les airs ou étalant aux feux bienfaisans

de l'astre du jour leurs ailes nuancées des plus vives
couleurs. Une foule innombrable d'insectes peu-
plait ces contrées et semblait y jouir de toutes
les douceurs d'une heureuse liberté. Vous jugez que
plusieurs de ces volatiles durent trouver dans nos
piéges un esclavage inattendu : dans leur nombre,
je vous prie de distinguer, avec toute la prédilec-
tion qu'il mérite, le papillon du cresson, aux ailes
inférieures marbrées en dessous de vert tendre, et
aux supérieures ornées en dessus d'une belle tache
couleur aurore, mais seulement chez le mâle; car
il est bon de vous avertir qu'en général chez ces
petits animaux, ce dernier est presque toujours plus
petit et beaucoup plus beau que sa compagne. Sans
doute c'est une erreur de dame Nature : du moins
chez nous, comme vous le savez, le contraire se
fait-il toujours remarquer.

Si les hommes ont en partage
La majesté, la force, la grandeur,
Votre sexe a pour appanage
Cet invincible attrait, ce charme séducteur,
Qui du mortel le plus sauvage
En un instant sait captiver le cœur
Et le réduire en esclavage.

Tels sont vos droits sur nous, que personne ne
peut vous contester, et sur lesquels je suis moins
que tout autre en état d'élever quelques doutes :

Vous m'avez appris dès long-temps,
Par une énergique éloquence,

Quelle est sur nos cœurs l'influence
De la beauté, de l'esprit, des talens.

En suivant les vallons que nous parcourions, nous étions arrivés dans des gorges où la nature semblait nous montrer tout ce qu'elle a de plus sauvage. Nous n'apercevions plus, ni ces filatures superbes qui font la gloire et la richesse de nos cantons, ni ces maisonnettes nombreuses où le tisserand laborieux fait gémir sous ses coups cadencés le métier sur lequel il travaille. Les montagnes, plus rapprochées et d'une pente plus rapide, formaient par leurs contours des espaces qui semblaient n'avoir point d'issues. Ces ravins, d'un côté couverts de lichens et de bruyères qui végétaient sur leurs flancs dégradés, nous offraient, sur le revers opposé, des forêts recommandables par leur vétusté. Jamais l'homme pour qui la solitude est une jouissance, et qui aime à goûter loin du tumulte des cités le plaisir d'être avec soi-même, ne saurait trouver un lieu plus favorable à ses méditations; jamais retraite plus propice ne s'est offerte aux yeux d'un favori des Muses ou d'un ami malheureux; c'est à ces derniers titres que les nymphes des coteaux que j'habite, me voient si souvent porter mes pas dans celles qui ressemblent à celles-ci.

Depuis votre départ, hélas! combien de fois
Ne suis-je point venu dans ces prés, dans ces bois,
    Me reposer sur la verdure,
    Écouter le tendre murmure

Du ruisseau qui coule en ces lieux,
Et dans son cours suivre des yeux
L'onde limpide et fugitive !
Ah ! dans les momens précieux
Que je passais sur cette rive,
Que de pensers délicieux
Agitaient mon ame attendrie !
Dans une aimable rêverie,
Je laissais s'égarer mon cœur
En songeant à celle que j'aime ;
Et dans ces doux instans, en rêvant le bonheur,
Je jouissais du bonheur même.

Nous montions au hasard dans un bois de sapin qui couvrait une partie de la montagne de son ombrage éternel. La densité du feuillage, qui ne permettait pas aux rayons du soleil de pénétrer jusqu'à nous, nous faisait jouir de ce demi-jour qu'aime la mélancolie et que chérissent les poëtes. De tous côtés les chantres ailés qui peuplaient ces bocages, voltigeant deux à deux, palpitant d'espérance, s'occupaient à construire l'habitation de leur famille future ; ou d'autres fois le mâle, perché sur un arbre voisin de son nid, entretenait de son chant d'amour sa femelle occupée déjà aux devoirs de l'incubation. L'écureuil léger, grimpant jusqu'au faîte des arbres les plus élevés, semblait se jouer de l'œil qui l'observait, tandis que planant dans les airs, l'autour aux serres cruelles, le forçait à prendre en tremblant une fuite souvent inutile. Myrthil et moi poursuivions sans relâche tout ce qui nous semblait mériter les honneurs de la capture, et déjà une infinité de petits

animaux plus ou moins rares, qui étaient devenus
notre proie, nous dédommageaient amplement de nos
peines et de nos fatigues. Eugène, la boîte en main,
occupé d'un travail plus minutieux, cherchait sous
les écorces, parmi la mousse et dans les arbres ex-
cavés ou détruits par le temps, les insectes qui étaient
venus hâter leur ruine ou profiter des débris de leur
végétation anéantie. Hélas ! ces faibles créatures
s'efforçaient par leurs ruses de tromper ses espérances ; mais elles ne pouvaient se soustraire à ses mains
agiles.

Nous avions quitté les sapins et nous traversions
des champs arides qui les dominaient, lorsque la
rencontre inattendue d'un Lépidoptère assez rare
vint stimuler notre ardeur que le succès couronna
bientôt. Ne nous voyez-vous pas tout rayonnans de
joie à la capture de ce grand papillon blanc aux ailes ornées de plusieurs yeux ? C'est l'Apollon, qui
toujours animé des mêmes goûts, ne se plaît que
sur les hauteurs aussi élevées que l'Hélicon. Nous
nous félicitions encore de cette prise, lorsque nous
atteignîmes les rochers nus qui, comme un diadème,
couronnent le front de la montagne. Quel vaste tableau se déroula alors devant nous ! quel paysage
immense ! quel spectacle magnifique ! au nord et au
midi notre vue limitée par les sommités chenues ou
couvertes de bois qui nous entouraient, errait sur
ces anneaux élevés de la chaîne qui unit les Vosges
aux pics du Vivarais ; à l'ouest notre regard s'élançant

au-delà de la Loire, se promenait sur ses rives fécondes , se reposait sur ces côtes vineuses; du côté de
de l'aurore nos yeux admiraient la colline de Four-
vières et les riches campagnes du Lyonnais; tandis
que les Alpes et les monts de l'Auvergne pareils à des
vapeurs bleuâtres s'élevant à l'extrémité de l'hori-
son, semblaient comme les colonnes d'Hercule nous
assigner les limites du monde. Le village de Ronno
était à un mille ou deux au dessous de nous; plus
loin, l'industrieuse ville de Thizy nous montrait sa
vieille église, dont les murs gothiques s'élèvent à
côté des ruines du château qui jadis protégeait la
cité; le bourg de Saint-Jean-la-Bussière couvrait de
ses maisons le plateau sur lequel il repose, et paraissait perdre dans les nues la flèche tétragone de
son clocher élancé; tandis que cachés dans le
fond des vallons les bourgs d'Amplepuis et de Cublize laissaient deviner à l'œil la place qu'ils devaient
occuper. Pays charmant ! malgré ces hauteurs qui
t'environnent comme des remparts, le fanatisme ré-
veillé par la ligue est venu jusque dans tes hameaux
faire luire ses brandons; la discorde y a fait siffler ses
serpens; la guerre même y a promené ses horreurs.
Mais la gloire a illustré plusieurs de tes enfans; c'est
de ton sein qu'est sorti ce valeureux d'Ars, cet in-
trépide compagnon du chevalier sans peur et sans
reproche; les restes de son manoir féodal rappellent
encore dans l'ame du voyageur des sentimens d'admiration pour les exploits de ce héros. Ces bois ont

ombragé le front de l'illustre Vauban ; peut-être sous leurs dômes verdoyans ou sous les voûtes du château qui porte encore son nom, a-t-il médité quelques-unes de ces fortifications qui décèlent son vaste génie. Le vertueux président de Lamoignon y a connu dans l'exil, à l'aurore de nos jours orageux, l'inconstance des faveurs de la cour ; le même toit qui cacha sa disgrâce, avait couvert le berceau de ce ministre Roland, que le génie ambitieux de son épouse devait conduire aux premiers honneurs. Ces vallons ont entendu les premiers sons de la lyre harmonieuse de l'aimable Berchoux, et ces champs ont vu plus d'une fois le jeune Vietti donner à la neige des formes humaines, avant que son ciseau savant sût animer le marbre et le faire parler à nos yeux.

Que de réflexions se succédaient dans notre esprit à l'aspect de l'immense étendue que nous dominions ! il semblait que dégagés des objets terrestres et pénétrés de notre néant, la puissance de la divinité se montrait à nous dans un plus grand jour ; notre imagination s'agrandissait, et nos pensers pleins d'admiration s'élançaient, au-delà de tous les mondes, vers celui qui les forma d'un mot.

> Quand à nos yeux, à nos oreilles,
> Tout parlait d'un Dieu créateur,
> Pouvions-nous admirer ces nombreuses merveilles,
> Sans rendre gloire à leur auteur.

Il nous était inutile de rester long-temps oisifs ; nous prîmes donc un sentier d'une pente rapide qui devait nous conduire au fond de la vallée en nous rapprochant de notre habitation. Aucun oiseau n'égayait notre marche de ses douces chansons; nous n'apercevions que l'autour ou l'épervier qui, perchés sur ces rocs voisins des nues, semblaient chercher d'un œil perçant où ils pourraient porter la crainte et l'effroi. Nous n'entendions d'autre bruit que celui des eaux qui tombaient en petites cascades et dont les échos des vallons répétaient le murmure harmonieux. Il nous fallut peu de temps pour retrouver les champs cultivés où le laboureur actif défrichait péniblement la terre avare, et bientôt enfin nous fûmes descendus dans ces prairies charmantes qui entourent d'une ceinture de fleurs le mont qui les domine.

O coteaux de l'Arcadie! campagnes délicieuses, si souvent chantées par les poètes! qu'on célèbre votre séjour enchanteur, qu'on vante vos beautés champêtres, ces lieux sont plus que vous peuplés par la vertu et le bonheur! De tous côtés les bergères assises sur le gazon occupaient leurs doigts industrieux avec l'aiguille ou le fuseau, tandis que bondissant auprès d'elles leurs jeunes béliers se heurtant du front, essayaient leurs forces naissantes.

Nous errions tantôt dans ces prés, tantôt dans des champs incultes ou le genêt commençait à étaler sa fleur d'or. Partout des découvertes nouvelles nous procuraient des plaisirs nouveaux, et remplissaient notre ame d'une ivresse inexprimable. Le papillon

Antiope ou Morio aux ailes noires, ornées d'un limbe blanc et d'une rangée de points d'azur, cherchait en voltigeant les fleurs qui méritaient son hommage. Le corps élancé, le filet en main, j'allais l'envelopper,... mais... plus léger que Zéphire qui l'entraine, il est déjà loin de moi !... cependant je cours, je vole, et le malheureux arrêté dans sa fuite, me fit perdre le souvenir de l'embarras que j'avais eu à l'atteindre.

> Car dès que la jouissance
> Assoupit notre désir,
> On oublie avec le plaisir
> Toutes les peines que d'avance
> On a prises pour réussir.

Nous étions arrivés auprès d'un moulin, dans un lieu ombragé, où l'eau retenue par l'industrie des hommes, nous offrait, dans un biez d'une grande étendue, sa surface tranquille. Les aunes et les coudriers qui en embellissaient les bords, faisaient réfléchir à son cristal leurs feuilles légèrement agitées, tandis qu'une foule d'insectes amis des Naïades voltigeaient à travers leurs rameaux ; notre gibecière s'enrichit bientôt de quelques jolis échantillons, parmi lesquels brillait l'Hémérobe fulvicéphale aux ailes hialines tachetées de noir.

Quels sont ces insectes à quatre ailes diaphanes ou colorées, au corps long et fluet qui d'un vol rapide semblent se jouer de l'onde qu'ils effleurent ? à leur légèreté, à la beauté des couleurs qui les parent, il est impossible de méconnaitre des Libellules ou De-

moiselles. A ce mot un sourire malin, que je crois
entrevoir sur vos lèvres, semble me déceler votre
étonnement : vous allez peut-être croire à une plai-
santerie de ma part; mais votre surprise croîtra bien
davantage, lorsque vous saurez que les auteurs de
leur histoire se sont plu à en distinguer les espèces
par les mêmes noms qu'on a coutume de donner
aux personnes de votre sexe, et parmi lesquels celui
de *Julie* figure au premier rang. J'avais déjà plusieurs
fois tenté de surprendre quelques-uns de ces animaux
ailés, qui toujours évitaient mes piéges, quand l'un
d'eux vient se poser sur un roseau qui vacille à peine
sous son corps léger; pour le coup, mon adresse
triompha, et je ne pus m'empêcher de sourire, en
songeant à vous, lorsqu'ouvrant mon filet, je trouvai..... celle qui précisément porte votre nom;

> Mais vous, qui de ce jeu que m'offrit la nature
> Pouvez faire une vérité,
> Dites-moi, puis-je en sûreté
> Me confier à cet heureux augure?

Vous seriez tentée peut-être de me demander
par quel penchant ces volatiles ne s'éloignent jamais des humides bords. Un naturaliste austère à
qui vous adresseriez cette question, chercherait
sans doute dans les lois de la nature les motifs
de sa réponse; mais d'autres personnes qui attribuent
à ces Demoiselles quelques-uns des goûts de votre
sexe qu'ils prétendent connaître suffisamment, osent
assurer au contraire que le plaisir qu'a la beauté de

contempler sans cesse son image en est la seule cause.
Je vous avoue, Julie, que je penche un peu pour ce
dernier avis, d'après les idées reçues jusqu'à ce jour
sur ce point ; car tout le monde sait que si le miroir
est le meuble le plus indispensable de nos aimables
citadines, on voit aussi qu'à la campagne

> Celles à qui la nature
> A donné passable minois,
> En gardant leurs troupeaux auprès d'une onde pure,
> Vont en secret, sur leur figure,
> Consulter son cristal, chaque jour, mainte fois.

Pendant que nous nous occupions près de ce ré-
servoir, le hasard voulut que le propriétaire fit écou-
ler toute l'eau qu'il contenait ; nous tirâmes parti de
cette conjoncture, en cherchant parmi la vase les
insectes qui aiment à s'y cacher, et la Nèpe grise et
quelques espèces de Dytisques furent le fruit de nos
perquisitions.

Cependant le soleil disparaissant derrière les montagnes, teignait du plus beau pourpre les nuages qui
se trouvaient à l'horizon. Déjà l'ombre des sapins
s'allongeait dans le fond de la vallée, et le silence
commençait à régner dans les champs.

> Tous les oiseaux sous le feuillage
> Finissaient leurs douces chansons,
> Et se cachaient dans les buissons
> Ou dans les arbres du bocage ;
> Le laboureur joyeux, hâtant ses pas pesans,
> Allait retrouver ses enfans
> Et le bonheur dans son ménage.

> Dans ce moment le berger, à son tour,
>   Abandonne aussi la prairie,
>   Et tandis que penser d'amour
> Occupe en cheminant sa douce rêverie,
>   Son chien veille sur son troupeau,
>   Et le conduit dans le hameau
>   Jusqu'au lieu de la bergerie.

Nous tâchions d'utiliser ces instans précieux où les restes de la lumière épars dans l'atmosphère, éclairaient encore notre globe de leur lueur mélancolique. C'est alors que les papillons nocturnes, sortant de l'état de mort dans lequel ils paraissent ensevelis pendant le jour, viennent en voltigeant embellir le doux empire de la nuit. Le ver luisant caché dans le gazon commençait aussi à faire briller son corps phosphorique, et le chantre mélodieux des heures nocturnes préludait à ses plaintifs concerts. Nous avions allumé un flambeau, moins pour éclairer notre marche que pour faire tomber dans nos piéges les insectes qu'attirait sa clarté fallacieuse. Ce stratagème nous réussissait au-delà de nos espérances; chaque instant voyait notre trésor se grossir de quelques-uns de ces imprudens qui étaient devenus les victimes de notre ruse et de notre adresse. C'est ainsi qu'en goûtant les douces jouissances que donnent l'amitié, une partie charmante et des peines largement payées, nous regagnâmes le logis où l'appétit nous servait de guide.

> Tel est de ce petit voyage
> Le tableau, mais bien racourci.

De tout mon cœur je vous engage
A vouloir entreprendre aussi
Un semblable pèlerinage ;
Car tous ces plaisirs enchanteurs,
Cette jouissance si pure,
Dont l'inépuisable nature
Enivre ses admirateurs,
Ne se peuvent jamais décrire
Aussi bien qu'on sait les sentir,
Et pour connaître leur délire
Par soi-même il faut en jouir.
Ah ! puissé-je avec vous parcourir ces vallées,
Ces champs, ces rives émaillées,
Et ces bosquets mystérieux !
Que votre présence chérie
Animerait pour moi ces lieux !
Oh combien ils me plairaient mieux
Si j'étais près de vous, Julie !...
Mais, hélas ! malgré mon envie,
Je n'ose me flatter d'une telle faveur ;
Ce serait pour moi, mon amie,
Trop de plaisir, trop de bonheur.

Lettre Troisième.

INTRODUCTION.

Comment vous peindre les sentimens divers dont j'ai été agité, en recevant de vous l'ordre positif de vous apprendre à connaitre les insectes d'une manière méthodique ? Dans l'embarras où m'a jeté cette nouvelle obligation, si difficile à remplir pour moi, je me suis rappelé une Muse qui plus d'une fois a reçu mon encens, et je lui ai de suite adressé avec la plus grande ferveur la prière suivante :

> Muse qui ne te plais
> Qu'à l'ombre tutélaire
> D'un réduit solitaire
> Où tu goûtes le frais ;
> Qui tantôt dors en paix
> Auprès d'une onde claire,
> Ou qui, vive et légère,
> Viens dans nos bois épais

Danser sur la fougère ;
Désertes ces bosquets
Où tu fuis d'ordinaire
Les regards indiscrets,
Et viens de tes bienfaits
M'accorder désormais
Le secours salutaire.

Cette aimable bergère
Pour qui tu m'inspirais,
Quand je traçais naguère
Mes timides essais,
Veut, par mon ministère,
Connaître désormais
Les mœurs, le caractère
Et les autres secrets
De cette gent légère,
A laquelle je fais,
Dans les prés, les forêts,
Une innocente guerre.
O Muse, tu le sais,
A la beauté jamais
Je n'ai voulu déplaire ;
Cependant, plus de près
J'observe et considère
Comment je me pourrais
Tirer de cette affaire,
Et plus je désespère
De pouvoir satisfaire
Ses désirs, ses souhaits.
Oui, Muse en qui j'espère,
Si tu ne viens exprès
Servir d'auxiliaire,
Sans toi je ne puis faire
Qu'ouvrages imparfaits :
Viens donc à ma prière ;
Et par tes soins secrets

> Si ma plume légère
> Obtient quelques succès
> Aux yeux de ma bergère ;
> Je le dis sans mystère,
> Je ne pourrai jamais
> Assez te satisfaire
> Pour de pareils bienfaits.

Mais que de réflexions se sont tout-à-coup présentées en foule à mon esprit !.... comment vous initier dans les secrets d'une science qui m'est si peu familière encore ! comment surtout conserver avec vous, à vingt ans, cette gravité imperturbable qui sied si bien à un professeur !

> Ah ! je redoute bien, Julie,
> Que mon cœur, m'égarant dans cet emploi si doux,
> Ne me fasse souvent, pour causer avec vous,
> Oublier l'Entomologie.

Je ne réponds donc pas de garder constamment cette monotonie scientifique qui dégoûterait même le prosélyte le plus ardent, ni de ne pas m'exposer à encourir quelques reproches, par des écarts que votre amabilité rend bien excusables ;

> Ainsi, pardonnez donc, si, par distraction,
> Ma Muse ose en cette carrière
> Négliger par fois la leçon
> Pour s'occuper de l'écolière.

Il faut vous apprendre, dites-vous, à connaitre les œuvres de la nature : mais quelle plume savante nombrerait cette multitude d'insectes qui peuplent les airs, qui couvrent la terre ou qui pullulent même au

sein des eaux ? qui peindrait leurs couleurs variées
avec tant d'éclat, nuancées avec tant de goût ? qui
expliquerait les qualités diverses dont ils ont été doués
ou dévoilerait les ruses qu'ils ont reçues en partage?
il a fallu des siècles pour arracher à la nature les
secrets qu'elle nous a découverts, et l'esprit humain
ne peut songer, sans effroi à ceux qu'elle nous cache
encore. Nos yeux sont éblouis des merveilles qui
nous frappent ; notre imagination en reste stupéfaite
d'étonnement ; et notre cœur, dans son ivresse, cherche à connaître celui qui a droit à tant d'amour.

> Qui créa ces mondes brillans
> Que nous dévoile la nuit sombre ?
> Quelle main, dans les airs, de ces astres sans nombre
> Guide encore les globes errans ?
> Qui sous nos pas fait naître la verdure,
> Ombrage nos vastes forêts,
> Ou sait alimenter au milieu des bosquets
> L'onde qui serpente et murmure ?
> Enfin, qui forma la structure
> De ces êtres nombreux créés avec tant d'art ?
> L'erreur a répondu : « C'est l'aveugle hasard. »
> Mais à ce sentiment dont rougit la nature,
> Mon esprit indigné s'agite en sens divers ;
> Ma raison en frémit, et mon intelligence
> De ses ailes de feu, prend son essor, s'élance
> Aux champs illimités de ce vaste univers ;
> Elle contemple l'ordre et la magnificence
> Qui brillent sur la terre ainsi que dans les cieux,
> Y cherche du hasard l'invisible puissance,
> Mais Dieu seul se montre à ses yeux.

Oui, Julie, de quelque côté que nous tournions

nos regards, nous y verrons l'empreinte d'une main
divine dont on chercherait vainement à nier l'existence : nous la reconnaîtrons dans la formation des
insectes ; nous la verrons briller dans leur vie et leur
mœurs ; nous l'admirerons dans l'harmonie qui existe
entre eux et les autres objets créés, et chaque observation nous offrira une merveille ou un bienfait
du Créateur.

Avant d'entrer avec vous dans les détails d'une
méthode quelconque, il est bon de vous faire apercevoir les différences qui séparent des autres corps
les créatures que nous allons étudier, et de vous
montrer la place qu'elles occupent dans la chaine
immense des êtres.

> Je vais donc des auteurs feuilleter maint ouvrage,
> Interroger pour vous leurs écrits précieux,
>   Et les reproduire à vos yeux
>   Dans un style un peu moins sauvage.

Malgré toute ma réserve, peut-être trouverez-vous
encore que je mêle trop de science à mes leçons ;
rassurez-vous :

>   Loin qu'il puisse gâter jamais
>   L'esprit qu'on tient de la nature,
>   Le savoir lui sert de parure
>   Et l'embellit de mille attraits.

On a distribué tous les corps qui existent sur la
terre ou qui peuvent frapper nos sens, en deux coupes principales auxquelles on a donné le nom de
RÈGNES, pour indiquer que les objets classés dans

chacunes de ces divisions sont régies par des lois différentes.

On a appelé ANORGANIQUE le Règne qui comprend l'air, l'eau, les sels, les pierres, etc., c'est-à-dire, les corps bruts qui, toujours plongés dans l'inertie, sont incapables de sortir de cet état sans des forces étrangères, n'augmentent de volume que par la superposition de nouvelles molécules et peuvent être divisés en fragmens très-petits, sans cesser d'exister et d'être de même nature.

Le Règne ORGANIQUE, par opposition, renferme les êtres qui, ayant fait partie ou ayant été produits par des individus semblables à eux, croissent et se développent par une nutrition intérieure et sont pourvus des organes propres à leur conserver, jusqu'à certain point, la puissance vitale dont ils jouissent.

Parmi les corps rangés dans cette série, les uns tels que les VÉGÉTAUX, sont insensibles, incapables d'opérer des mouvemens volontaires, ou de se transporter spontanément d'un lieu dans un autre; les autres, tels que les ANIMAUX, peuvent éprouver des sensations diverses et possèdent le plus ordinairement la faculté de changer de place au gré de leurs désirs.

Ces derniers se partagent en VERTÉBRÉS ou pourvus intérieurement de cette réunion d'anneaux remplis de moelle, qui forment ce qu'on appelle l'épine dorsale ou la colonne vertébrale, pièce principale de la charpente osseuse qui soutient l'édifice charnu des

MAMMIFÈRES, des OISEAUX, des REPTILES et des POISSONS; et en INVERTÉBRÉS, c'est-à-dire, recouverts seulement d'une peau ou enveloppe plus ou moins dure qui lie tous les membres et unit toutes les parties des MOLLUSQUES, des ANNÉLIDES, des INSECTES et des ZOOPHITES.

Les INSECTES sont les seuls, qui, parvenus à l'état parfait, montrent au moins six pieds articulés; mais la classe nombreuse qu'ils composent et qui forme le domaine de l'Entomologie, a été séparée en plusieurs branches, que je vais vous faire reconnaitre à leurs différences les plus sensibles à l'œil.

La première renferme les CRUSTACÉS ou les êtres, tels que l'écrevisse, dont le corps couvert d'une enveloppe calcaire porte au moins cinq paires de pieds et dont la tête est ornée de deux ou quatre antennes ou filets mobiles.

Dans la seconde se rangent les ARACHNIDES, créatures hideuses ou malfaisantes qui tirent leur nom de la vilaine famille des araignées, et qui se font remarquer par leur tête dépourvue d'antennes et confondue avec le tronc auquel huit pieds sont ordinairement attachés.

Dans la troisième figurent les MYRIAPODES, qui n'ont après la tête qu'une longue suite d'anneaux semblables, mus par un nombre de pieds quelquefois prodigieux, mais jamais moindre de douze paires.

Enfin la quatrième comprend les vrais INSECTES, ou ceux qui feront seuls le sujet de mes leçons; ils n'ont jamais plus de six pieds et leur tête est constamment ombragée par deux antennes. L'anatomie nous présentera encore dans leur mode de respiration des moyens distinctifs que je vous ferai connaître par la suite, mais dont je ne pourrais vous entretenir aujourd'hui sans abuser de votre patience.

Je vous ai en effet tellement étourdie, je présume, par un langage qui doit vous être peu familier, que j'ose à peine vous apprendre l'étymologie de ce nom d'INSECTE, parce qu'elle se perd dans l'antiquité latine, dont l'idiome ne vous doit pas sembler moins barbare ; cependant comme je ne veux pas faire de vous une demi-savante seulement, vous voudrez bien vous rappeler, avec tout le respect que leur mérite leur ancienneté, ces deux petits mots *in secata* [1] qui signifient *enetrcoupés*, parce que leur corps est pour ainsi dire coupé en plusieurs parties, unies entre elles par des étranglemens quelquefois très-étroits. D'après cette division établie par la nature elle même, il vous sera facile de remarquer dans ces petits animaux trois pièces principales :

1° la Tête.

2° le Tronc.

3° le Ventre.

Je renvoie à ma prochaine lettre le détail des or-

---

[1] Ils correspondent exactement au grec Ἔντομον, insecte ; d'où est venu le nom d'Entomologie, (Ἔντομον λογος) traité des animaux à corps entrecoupé.

ganes qui se rattachent à chacune de ces parties, afin de ménager mes jouissances.

> Car le plaisir de vous écrire
> Pour mon cœur a de tels attraits,
> Qu'à chaque moment je voudrais
> Avoir quelque chose à vous dire.

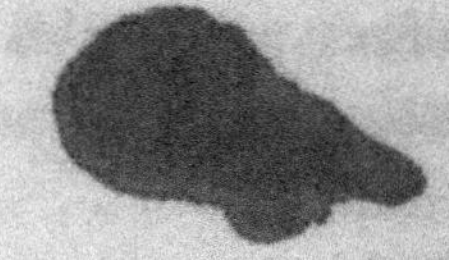

Lettre Quatrième.

DE LA TÊTE DES INSECTES.

Veuillez, mon amie, prendre devant vous quelques-uns des insectes que vous avez déjà rassemblés avec tant de soin, et nous examinerons ensemble et en détail les différens organes qui ornent ces têtes légères, dont le défaut de cervelle est peut-être le plus grand rapport qu'elles aient avec celles de plusieurs individus de notre espéce.

Interprètes fidèles des amours, les yeux[1] méritent bien de nous occuper les premiers; leur langage expressif est si intéressant! Ah, sans doute, ces petits animaux

> Peuvent avec eux, comme nous,
> Au cher objet de leur tendresse
> Peindre leur flamme, leur ivresse,
> Et tous leurs transports les plus doux.

---

[1] Pl. 1re, fig. 1, 2, 3, a.

Le feu du moins dont ils brillent souvent, les couleurs étincelantes qu'on leur remarque, semblent nous dire qu'ils doivent parler avec vivacité le langage des passions; cependant, au dire de quelques amateurs, leur immobilité doit leur ôter beaucoup d'expression.

Cette privation du mouvement serait bien plus funeste pour eux, sous le rapport de leur sûreté, si la nature, toujours ingénieuse, ne les avait dédommagés par d'autres moyens des avantages dont elle les a privés. Elle a taillé ces yeux en une infinité de facettes[1] à six angles, qui toutes réfléchissent les objets qui les entourent et leur permettent d'apercevoir de tous côtés la proie qu'ils peuvent saisir ou les ennemis qu'ils ont à craindre. Vous devinez, néanmoins, que les corps environnans ne s'offrent pas plus multipliés à leurs regards que nous les voyons doubles avec nos deux yeux. S'il en était autrement, comment ne seraient-ils pas éblouis par la quantité des images qui les frapperaient? Car le nombre de ces petits miroirs est si prodigieux, qu'on aurait de la peine à se le figurer, si les expériences des savans n'étaient capables de nous le persuader. Hoock[2] et Leuwenhœck[3] en ont compté plus de

---

[1] Observations sur les yeux des mouches, par l'abbé Catalani, Journal des savans, 1679-1682. Mémoires sur les yeux composés et les yeux lisses des insectes, par M. Marcel de Serres. Montpellier, 1813.

[2] *Hoock micrographia,* Lond. 1667.

[3] *Leuwenhœck*, epist. phys. xxxv, p. 342.

huit mille sur les yeux d'une mouche; et Puget [1] jusqu'à dix-sept mille trois cents vingt sur la seule cornée d'un papillon. Cependant, comme si quelques-uns n'étaient pas suffisamment apanagés sous le rapport de la vue, plusieurs de ces petits animaux, outre ces yeux composés, en ont encore reçu de lisses [2], nommés *ocelles* ou *stemmates*, et placés ordinairement au nombre de trois sur le sommet de la tête.

N'y a-t-il pas de quoi accuser le créateur de prodigalité, quand on voit sur la terre tant de gens privés de lumières, et quand le dieu fripon qui règne en tyran sur le globe fut condamné lui-même à la cécité?

L'antiquité fabuleuse nous a transmis l'histoire d'Argus, de cet espion vigilant de la jalouse Junon; qu'auraient dit les savans de cette époque, s'ils avaient connu les trente-quatre mille six cent cinquante yeux d'un insecte? O nature! te plais-tu donc à surpasser les produits les plus extraordinaires de notre imagination dans les objets qui semblent te coûter le moins!

Ainsi conformés et façonnés d'une matière assez dure pour résister aux corps qu'ils seraient dans le cas de heurter, vous ne serez pas étonnée de voir

---

[1] Observations sur la structure des yeux de divers insectes. Lyon, 1706, p. 118.
[2] Pl. 1ʳᵉ, fig. 6, h. Nouvelle découverte des yeux de la mouche et des autres insectes volans, etc., par M. de La Hire. 29ᵉ journ. des sav. 1678.

ces organes dépourvus de paupières ; cependant, pour les préserver de tout accident imprévu, près d'eux ont été placées deux *antennes* [1], espèces de cornes mobiles ou de filamens articulés que les insectes semblent employer à sonder le terrain qui les entoure.

N'allez pas confondre avec elles, les *palpes* [2] ou *antennules*, petites parties qui leur ressemblent, et que nous trouverons au nombre de deux, quatre, ou six à la bouche de ces animaux, à qui elles paraissent servir, ainsi que leur nom l'indique, à palper la nourriture qu'ils doivent prendre.

Remarquons aussi, en passant, le *front*, qui occupe l'espace compris entre les yeux et les organes de la mastication qu'il recouvre quelquefois par un prolongement ou espèce de *chaperon* [3].

Portons, enfin, toute notre attention sur la *bouche*, si diversifiée dans ses formes, si variée dans les nuances de sa composition. Ici, comme chez les Mammifères, l'inspection de cet orifice nous décélera le genre de vie de chaque individu. Parmi les insectes *broyeurs*, c'est-à-dire, destinés à triturer des alimens, à ronger des matières solides, nous trouverons l'image analogique des dents robustes du tigre ou des crochets déchirans du crocodile. Dai-

[1] Pl. 1re, fig. 1, 3, 4, b.
[2] Pl. 1re, fig. 3. c.
[3] Pl. 1re, fig. 1, o.

gnez donc vous armer de votre verre grossissant, et vous allez vous écrier, je gage, à l'imitation du fameux Marcel, mais avec un enthousiasme mieux fondé : Que de choses dans cette petite tête! Le premier objet qui mérite de fixer votre vue doit être le *labre*[1], espèce de lèvre qui se lie au front. Au dessous de cette pièce, se présentent quatre tenailles qui jouent latéralement, et dont les supérieures ou les *mandibules*[2], lorsqu'elles pincent nos doigts, nous font maudire la substance cornée qui fait leur force et leur dureté. Les inférieures ou les *mâchoires*[3], d'une consistance toujours moins solide, portent chacune un ou deux de ces petits barbillons que nous avons appelés *palpes;* quelquefois même, comme chez les Sauterelles, à leur partie externe se trouvent attachés les *casques* ou *galètes*[4], pièces membraneuses qui, semblables aux visières de nos anciens preux, recouvrent presque entièrement la bouche de ces insectes. Enfin, vous observerez la *lèvre inférieure*[5], ou *languette*, qui s'appuie sur la *ganache* ou le *menton*[6], et de laquelle s'élèvent aussi des antennules, mais au nombre de deux seulement.

---

[1] Pl. 1re, fig. 2, d.
[2] Pl. 1re, fig. 2, e.
[3] Pl. 1re, fig. 3, f.
[4] Pl. 1re, fig. 9, l.
[5] Pl. 1re, fig. 3, g.
[6] Pl. 1re, fig. 3, p.

Je vous ai déjà prévenue que la bouche de nos petits animaux, tout en paraissant formée sur le même type, nous offrirait des nuances ou des modifications remarquables. Chez nos industrieuses Abeilles, nous verrons déjà les mâchoires et la lèvre inférieure quitter les formes ordinaires pour s'allonger en un suçoir [1] qui va recueillir dans la corolle des fleurs le nectar délicieux qu'elles renferment. La nature, qui ne fait point de sauts, nous conduit ainsi d'une manière insensible aux insectes uniquement *suceurs* ou destinés à se nourrir de liquides. Parmi eux, les organes de la mastication tantôt forment un *bec* [2] renfermant d'aiguilles très-fines, de lancettes acérées comme dans les Punaises, tantôt s'étendent en une *trompe* [3] charnue, souvent contractile comme dans les Mouches, tantôt, enfin, se déploient en une *langue* [4] composée de plusieurs lames et roulée en spirale comme dans les Papillons.

Mais avec toutes ces conformations différentes, aucun insecte ne peut jouir de la voix, qui n'est accordée qu'à ceux qui respirent par les poumons [5]. Quoi! m'allez-vous dire, leur bouche ne peut exprimer leur tendresse ou peindre leur amour? Ah! Julie, loin de l'accuser d'injustice, bénissons au contraire

---

[1] Pl. 1ʳᵉ, fig. 7, r.
[2] Pl. 1ʳᵉ, fig. 10, m.
[3] Pl. 1ʳᵉ, fig. 11, t.
[4] Pl. 1ʳᵉ, fig. 12, v.
[5] Arist. liv. ɪᴠ, ch. 9.

la providence de leur avoir refusé un avantage dont ils ne jouiraient qu'aux dépens de notre repos. Vous connaissez le bruit que font les Cigales et les Grillons : jugez donc du brouhaha, du charivari qui retentirait sans cesse à nos oreilles, si le pouvoir de se faire entendre eût été donné à tant d'individus, qui par millions peuplent nos champs, fourmillent dans nos appartemens, et nous approchent même de plus près.

La faculté de s'exprimer n'est pas d'ailleurs tellement dépourvue d'inconvéniens, qu'on doive toujours regretter la perte du bruyant organe qui nous sert à cet emploi :

> Même soit dit confidemment,
> Je connais plus d'un personnage
> Qui n'y perdrait assurément,
> S'il était privé de l'usage
> De ce dangereux instrument.

Sans doute, s'ils avaient reçu en partage un don semblable, quelques-uns des plus habiles auraient pu, comme la Pie ou le Perroquet, répéter les mots qu'ils auraient eu l'habitude d'entendre le plus fréquemment.

> S'ils avaient eu cette industrie
> Tous les insectes de ces lieux
> Auraient su bientôt, mon amie,
> Dire votre nom de leur mieux,
> Et peut-être en ce moment même
> Où je vous parle et vous écris,
> Peut-être quelques-uns de ces êtres chéris
> Iraient autour de vous murmurer : je vous aime.

Lettre Cinquième.

DU TRONC ET DU VENTRE DES INSECTES.

Il me reste à vous achever la description du corps des insectes :

> Je vais donc pour vous, des savans
> Parler encore le langage,
> En tâchant, par maint badinage,
> De vous délasser quelque temps ;
> Si pourtant cherchant à vous plaire,
> Ma muse frivole et légère
> Tente des efforts impuissans ;
> Si de maints auteurs élégans
> Dont elle veut suivre les traces,
> Elle n'imite ni les grâces,
> Ni la brillante diction,
> Veuillez, du moins, par indulgence,
> Lui pardonner son impuissance,
> En faveur de l'intention.

Le *tronc* [1] ou la partie du corps des insectes parfaits

---

[1] Pl. 1, fig. 1, 2, b.

qui lie la tête à l'abdomen, porte également le nom
de *thorax*. Il me semble, à ce dernier mot tant soit
peu barbare, vous voir dédaigneusement vous écrier
avec le génie critique qui accompagnait Voltaire dans
le temple du goût : Ah! mon Dieu, quel horrible
jargon! Je conviens que les termes peu harmonieux
dont la science est hérissée, offrent de prime abord
une stérilité quelquefois désespérante; mais les merveilles qui nous attendent vous feront bientôt oublier
l'aridité des principes qu'il est indispensable de
connaître. Ainsi, le voyageur qui traverse des campagnes riches et fécondes, qui parcourt des vallons
enchantés, perd facilement le souvenir des sentiers
rocailleux qui l'y ont conduit.

Le thorax, que parfois on confond avec sa partie
supérieure ou le *corcelet*[1], est formé de trois segmens
portant chacun en dessous ou à la *poitrine*[2] une
paire de *pieds*.

Nous allons examiner en détail les diverses pièces
qui entrent dans la composition de ces derniers
organes, car les œuvres de la providence ne paraissent jamais plus admirables que lorsqu'on les
observe de plus près.

Remarquez d'abord la *hanche*[3], qui parfois semble
faire partie du corps, auquel elle lie la patte,

---

[1] Pl. 1re, fig. 1, z.
[2] Pl. 1re, fig. 3, y.
[3] Pl. 1re, fig. 3, w.

mais qui, le plus souvent, se montre sous la forme d'un bouton arrondi ; la *cuisse* [1], qui s'y emboîte, offre dans les insectes sauteurs un renflement ou une longueur remarquable, tandis que la *jambe* [2], qui la suit, se fait généralement admirer par sa configuration mince et déliée. Enfin, le *tarse* [3], qui correspond au pied des quadrupèdes, est composé de une à cinq phalanges ou articulations plus ou moins rapprochées, dont le nombre nous servira merveilleusement dans la division méthodique de ces petits animaux. Quelques-uns, tels que les Mouches, ont à leur extrémité des *pelottes* ou *brosses*, formées de poils fins et serrés, au moyen desquels elles marchent à leur aise sur nos marbres et nos glaces, en les appliquant dans les pores imperceptibles de leur surface unie. La plupart ont en outre reçu des *ongles* [4] ou *griffes* pour se cramponner avec plus de force sur les objets sur lesquels ils se posent, ou pour saisir d'une manière plus sûre les victimes qu'ils ont attrapées.

> Et sur ce mot, on dit que la nature,
> Qui fit tout pour le mieux en France comme ailleurs,
> A d'organes pareils enrichi d'aventure
> Nos greffiers et nos procureurs.

Mais ceci soit dit en passant et sans conséquence :

---

[1] Pl. 1re, fig. 3, aa.

[2] Pl. 1re, fig. 3, bb.

[3] Pl. 1re, fig. 3, cc.

[4] *Bonani, micrographia, Romæ*, 1691. — *Hoock, micrographia*, 1667.

> Car dans les mains de ces messieurs qu'on fronde
> Ce livre, par hasard, peut tomber désormais ;
>   Or, il faut avec tout le monde
>   Autant qu'on peut avoir la paix.

Malgré la ressemblance qu'ont tous les pieds des insectes, on remarque entre eux quelques légères différences, selon le genre de vie auquel est destiné chaque animal. Ainsi l'Hydrophile qui habite l'humide élément, a les pieds postérieurs ciliés et il les fait jouer comme des rames pour fendre les eaux ; ainsi l'Abeille qui va butinant sur les fleurs, a reçu des espèces de brosses aux jambes pour enlever la poussière d'or qui couvre les étamines ; le Taupe-grillon qui se pratique des galeries dans nos jardins, se sert de celles de devant comme d'une pioche pour creuser la terre où il fouit ; la Nèpe qui ne vit que de rapine, les employe comme des dagues à percer la proie qu'elle poursuit sur la surface de nos étangs ; tandis que les deux antérieurs de plusieurs Papillons sont frappés de paralysie, comme étant inutiles à des êtres dont la vie entière se passe à voltiger.

Le séjour des insectes est si varié que ces organes ne suffisent pas à leurs mouvemens : ils ont donc aussi reçu des *ailes*[1], attachées sur les côtés des deux derniers segmens du thorax, et traversées ou même réticulées par une infinité de conduits aériens qui

---

[1] Pl. 1re, fig. 8, dd.

portent la vie jusqu'à leur extrémité. Elles sont la
plupart du temps au nombre de quatre et souvent
de la même consistance; mais chez plusieurs de ces
petits animaux, tels que les pesans Scarabées, les
lourds Escarbots, etc., qui sont exposés par leur
genre de vie à être écrasés par mille causes diverses,
les supérieures sont épaisses, solides, écailleuses et
plutôt faites pour servir de bouclier aux véritables
ailes et les protéger contre les accidens qui pourraient leur avenir, que pour favoriser le vol de ceux
qui en sont pourvus; aussi a-t-on donné à ces espèces de gaines la dénomination particulière d'*élytres* [1], et aux individus qui en sont cuirassés le nom
de Coléoptères ou insectes à étuis. Par la même
raison, on appelle *hémélytres* [2] les ailes supérieures
de quelques Punaises qui ne sont d'une consistance
solide que dans leur première moitié.

Ils n'avaient pas besoin d'une si pesante armure
ces Papillons légers qui n'habitent que le sein des
roses et ne se jouent qu'avec le volage Zéphire; aussi
la nature semble-t-elle avoir épuisé ses ressources
pour leur prodiguer ces couleurs vives et brillantes
qui se nuancent sur leurs ailes avec tant d'éclat et
de diversité. Il fallait, sans doute, cette toilette élégante et somptueuse aux insectes les plus coquets,
aux êtres les plus volages et les plus inconstans du

---

[1] Pl. 1re, fig. 1, ee.
[2] Pl. 1re, fig. 6, ff.

monde; mais ce qui ôte à leur parure une partie de
son prix, c'est qu'elle est aussi peu solide que leurs
goûts : le moindre accident, le toucher le plus délicat, fait disparaître toute la richesse de ces ailes,
qui dénudées alors et privées de leurs ornemens,
n'offrent plus aux regards qu'une substance membraneuse et commune, semblable à du parchemin.
Ainsi s'efface tout ce qui ne brille que d'un éclat
emprunté; ainsi s'éclipse le mérite qui n'est que
précaire.

> ... Au moindre revers funeste,
> Le masque tombe, l'homme reste
> Et le héros s'évanouit.
>
> J. B. ROUSSEAU.

Ces organes cependant alors ne sont pas dépourvus
de tout intérêt : le microscope nous fait voir que
cette espèce de farine colorée qui s'enlève avec tant
de facilité, loin d'être une vile poussière, comme
elle le semble d'abord, est un amas de petites
écailles [1], dentelées d'un côté et implantées de
l'autre dans la membrane, avec autant de régularité
que les ardoises qui couvrent nos bâtimens.

Quelques insectes semblent n'avoir pas été aussi
avantagés que les autres, en ce qu'ils n'ont que
deux ailes [2], ainsi que vous le remarquerez chez
les Syrphes et les Cousins; mais ils ont reçu en re-

---

[1] Pl. 2, fig. 1, 2, o.
[2] Pl. 1, fig. 11, oo.

vanche des organes qu'on ne trouve que chez eux et qui paraissent destinés à suppléer au défaut de la seconde paire. Ce sont deux filets [1], terminés par un petit bouton arrondi, placés de chaque côté du corselet, et auxquels on a donné le nom d'*haltères* ou *balanciers*, parce qu'ils servent à ces petits animaux de contre-poids, comme ces bâtons allongés à l'aide desquels nos jeunes danseurs de corde conservent leur équilibre. Vous observerez facilement ce petit manége sur les grandes Tipules, chez lesquelles ces parties sont très-apparentes, tandis qu'elles sont cachées chez les Taons ou d'autres espèces par l'*aileron* [2] ou le *ceuilleron*, écaille membraneuse qui les recouvre.

Ainsi, loin d'avoir à envier l'agilité des insectes à quatre ailes, les Diptères volent souvent avec une rapidité qui n'a point d'égale parmi les animaux de cette grande classe. On a calculé que quelques Mouches pouvaient battre l'air mille fois par seconde ; jugez combien de chemin elles pourraient faire ? Que n'est-il possible de les employer comme ces gazals, ces colombes de l'Orient ? Que n'a-t-on le secret de les charger des missives dont la réponse se fait toujours attendre si long-temps à nos désirs impatiens ?

> Si l'on pouvait, par un art merveilleux,
> Diriger leur course incertaine

---

[1] Pl. 2, fig. 2, b.

[2] Pl. 1, fig. 11, kk.

> Vers un objet chéri qui vit sous d'autres cieux,
> Et dont l'exil est pour nous une peine,
> Vous verriez souvent près de vous
> Ces messagères empressées,
> Confidentes de mes pensées
> Et de mes secrets les plus doux.

En attendant qu'on y puisse réussir, je vais continuer la description des diverses pièces du tronc. En dessous, c'est-à-dire à la *poitrine*, on appelle *sternum* [1], la ligne élevée qui sépare les trois paires de pattes et se prolonge parfois en pointe aiguë. A l'extrémité supérieure du thorax, entre l'attache des ailes, se présente l'*écusson*, pièce souvent petite et triangulaire [2] ; mais qui d'autres fois s'allonge et recouvre dans quelques Punaises [3], par exemple, une grande surface de la troisième partie du corps dont je vais vous entretenir.

Le *ventre* [4] ou *abdomen*, composé de six à neuf segmens, qui se divisent en demi-anneaux, est ordinairement *sessile* [5] ou lié au tronc sur une largeur à peu près égale à celle de ce dernier ; mais quelquefois il ne tient à lui que par une *pétiole* [6] ou *pédicule*, formé par le rétrécissement considérable de ses premiers segmens. L'extrémité de la partie qui nous

---

[1] Pl. 1, fig. 3, z.
[2] Pl. 1, fig. 1, v.
[3] Pl. 1, fig. 10, v.
[4] Pl. 1, fig. 1, 4, D.
[5] Pl. 1, fig. 1, D.
[6] Pl. 2, fig. 4, D.

occupe est souvent terminée par des appendices,
dont je vous ferai, dans l'occasion, connaître la
forme et les usages. Nous remarquerons la *queue*
qui donne aux Podures la faculté de sauter, les
filets des Blattes et les *pinces* des Forficules, tandis
que plusieurs femelles nous offriront des *tarières* et
des *oviductes* de formes variées, où nous ferons sentir la présence d'un *aiguillon* caché, prêt à punir le
téméraire qui ose nuire à un sexe en qui repose l'espérance de la perpétuité de leurs races.

Il n'est pas dans mon plan de vous faire connaître
l'organisation intérieure de ces petits animaux,
parce qu'il faudrait entrer dans des détails anatomiques par trop arides ; je veux néanmoins vous donner une idée du mécanisme de leur respiration. Elle
s'opère au moyen de deux tuyaux ou *trachées* principales, qui de chaque côté parcourent toute la longueur du corps, et répandent continuellement dans
l'intérieur l'air vital, qu'elles reçoivent par des ouvertures latérales ou *stigmates* [1]. Quoi m'allez-vous
dire, c'est au ventre et au corselet que sont placés
les organes de la respiration ? oui, Julie ; je puis
même vous offrir les moyens de vous assurer par
des expériences faciles et sans équivoque, que les
opinions des savans ne sont pas toujours hasardées.
Humectez avec un pinceau imbibé d'huile tous les
stigmates d'un côté, et vous verrez cette partie deve-

---

[1] Pl. 1, fig. 4, i, i.

nir paralytique ; bouchez-les tous par le même
moyen , et l'animal qui ne peut se passer d'air , en-
trera bientôt en convulsions , et périra en peu d'instans.

Adieu , voilà terminée la description des divers
organes qu'on remarque au corps des insectes.

> Heureux dans ma sollicitude ,
> Si je puis dissiper , par mes efforts constans ,
> Les difficultés de l'étude
> Et les obstacles rebutans.

Lettre Sixième.

DES SENS DES INSECTES.

Vous avez peut-être quelquefois pensé avec les Cartésiens

> Que la bête est une machine,
> Qu'en elle tout se meut sans choix et par ressorts.
> La Fontaine, Fabl. l. 10 , f. 1.

Ah ! si jamais vous avez eu des petits animaux qui doivent nous occuper, une idée si désavantageuse, venez connaître de plus près ces insectes industrieux, venez observer leurs travaux étonnans, et l'admiration la plus vive succèdera dans votre esprit à l'erreur d'un tel préjugé. Autrefois, il est vrai, plus méprisés parce qu'ils étaient moins suivis dans leurs mœurs curieuses, on croyait leur faire assez d'honneur de leur accorder de sentir la douleur sous le pied dédaigneux qui les écrasait;

les naturalistes même qu'enchantait leur étude attrayante, n'osaient attribuer souvent d'autres sens
que celui du toucher [1], à des êtres qu'ils plaçaient
dans les rangs les plus inférieurs du règne animal ;
mais depuis que les recherches d'une foule de savans ont reculé les limites de nos connaissances,
on a été fort étonné de s'apercevoir que ces atômes
qu'on regardait comme si imparfaits, jouissent souvent des mêmes sens, et parfois avec plus de pléni-
tude que l'homme, roi de cet univers.

Je vais donc vous parler des organes qui sont le
siége de ce que le vulgaire nomme encore la vue,
le toucher..... Il me semble vous voir m'arrêter à ces
mots, et me demander si les mêmes termes ne sont
point adoptés par les savans ? je suis obligé de vous
répondre avec Sganarelle : « C'était autrefois ainsi ;
« mais nous avons changé tout cela, et nous faisons
« maintenant la science d'une façon toute nou-
« velle. » Il est vrai que les expressions récemment
introduites dans le langage entomologique, n'ont à
peu près d'autre avantage que celui de fatiguer la
mémoire, et de hérisser pour les élèves les abords
de cette étude ; mais puisqu'elles sont adoptées par
nos maîtres, il n'est pas permis au plus obscur de
leurs disciples de les ignorer.

Vision. La tête des insectes parfaits, vous le savez,

----

[1] Pline, *Hist. nat.*, l. x, c. 70.

est ornée au moins de deux yeux, d'une structure admirable : quand l'anatomie ne démontrerait pas que ces petits animaux doivent distinguer, par leur moyen, les objets qui les environnent, les expériences de la Hire [1] et de l'abbé Catalan [2], le prouveraient jusqu'à l'évidence.

A l'exemple de ces observateurs, si vous couvrez ces organes avec de la poix ou tout autre enduit opaque, vous verrez les malheureux qui serviront à ces essais, marcher comme à tâtons, se heurter contre les corps vers lesquels se dirigeront leurs pas incertains, ou s'élever verticalement dans les airs, comme les corbeaux que nous aveuglons en tendant des piéges à leur avidité. La nature cependant n'a pas inutilement prodigué le don précieux de la vue ; elle a limité ou étendu cet avantage selon le genre de vie et le besoin de chaque espèce. Ainsi plusieurs de ces petits animaux qui dans leur enfance, sous la forme de ver, doivent traîner leur existence dans une obscurité profonde, ont été condamnés à une cécité qui ne peut leur être nuisible ; mais aussi ceux qui sont destinés à se nourrir de rapines, tels que les Libellules qui se balancent sur nos étangs, ont reçu la faculté de découvrir de très-loin les volatiles qui doivent être leur proie, pour les atteindre dans leur vol précipité.

---

[1] *Mémoires de l'Académie des sciences de Paris*, t. x, p. 609.
[2] *Journ. des Sav.*, 1682, p. 462.

Taction. Les insectes couverts souvent d'une enveloppe très-solide, ne doivent avoir que quelques parties sensibles à la taction ; mais quels sont les organes affectés particulièrement à ce sens ? Les tarses qui représentent les pieds des autres animaux, doivent-ils selon l'opinion de quelques naturalistes [1], exécuter cette fonction ? Les palpes [2], selon d'autres, sont-ils destinés à remplir ce rôle ? ou faut-il croire avec le plus grand nombre que les antennes [3] en sont chargées ? Si nous jetons un regard observateur sur la structure des diverses espèces de ces petits animaux, cette dernière opinion nous semblera peut-être plus probable. Nous verrons les Mouches, les Demoiselles, etc., qui sont pourvues de gros yeux sphériques, n'avoir reçu que des filamens si courts qu'ils semblent inutiles à des êtres favorisés d'une manière toute spéciale sous le rapport de la vue ; nous remarquerons les Sphex, les Ichneumons, etc., qui volent agilement, faire mouvoir avec vivacité ces parties articulées, pour éviter les corps qu'ils seraient dans le cas de heurter ; tandis que les Vrilettes nous paraîtront s'en servir comme de tentacules, pour trouver les galeries cylindriques où elles se cachent.

---

[1] Lesser, *theol. des ins.*, t. 2, p. 68. — M. Duméril, *Dict. des sc. nat.*, t. 23, p. 455.

[2] Lesser, *theol. des ins.*, t. 2, p. 35.

[3] Marcel de Serres, *Ann. du Muséum d'hist. nat.*, t. 17, p. 432. — Huber, *Obs. sur les abeilles*, t. 2, p. 367.

Olfaction. Je vais être encore bien plus embarrassé pour vous assigner le siége de l'olfaction : les raisonnemens qui servent à soutenir le sentiment de chaque auteur sur ce sujet, ne sont pas encore assez péremptoires pour avoir décidé cette question délicate. Penserons-nous avec les uns que ce sens est logé dans les antennes [1], dont les barbes ou le bouton terminal paraissent s'ouvrir souvent pour recevoir les émanations des corps ? Croirons-nous avec d'autres qu'il réside dans quelques parties de la bouche ou dans les palpes [2], dont l'extrémité parfois amollie ou vésiculeuse semble se prêter à cette perception ? Ou trouverons-nous enfin plus convenable de voir dans les stigmates [3] des insectes, les organes chargées de recevoir les corpuscules odorans qu'apporte l'air dans les trachées ? La diversité de ces opinions vous prouvera, sans doute, que l'homme a souvent tort de se glorifier de son génie ; la nature qui se joue de ses systèmes, dérobe souvent ses secrets à ses recherches, et peut-être nous cache-t-elle encore le véritable organe qui nous occupe.

Les anciens qui ne pouvaient croire nos petits animaux doués de beaucoup de perfection, expliquaient de diverses manières tout ce qui aurait pu faire soup-

---

[1] Jurine, *Nouv. méth. de class. les Hyménojet*, p. 9.

[2] M. Marcel de Serres, *Annales du mus. d'hist. nat.*, t. 17, p. 426, etc. — Lyonnet, *Théol. des ins.*, t. 2, p. 9. — Huber, *Obs. sur les abeilles*, t. 2, p. 378.

[3] M. Duméril, *Magasin encyclopédique*, t. 2, p. 435, etc.

çonner qu'ils étaient sensibles aux odeurs. Ainsi découvriraient-ils dans les chairs qui se décomposent, des Dermestes, des Staphilins, etc., que nous savons aujourd'hui être attirés de très-loin par les exhalaisons de ces matières dégoûtantes ? Ils supposaient qu'ils devaient la vie à ces débris infects. Voyaient-ils rentrer dans leur nid, au retour de leurs courses intéressées, les industrieux habitans de nos ruches ? ils présumaient qu'ils ne découvraient qu'à l'aide de la vision leur demeure habituelle ? Cependant ces Abeilles qui franchissent les montagnes et s'éloignent à de grandes distances pour aller butiner sur le sapin, recueillir la manne qui transsude des feuilles du tilleul, ou se gorger d'un nectar parfumé dans les corolles du serpolet, retrouveraient-elles si vite, malgré leur vue perçante, leurs petits palais de bois ou de chaume, si l'air ne servait de véhicule aux émanations du miel qu'ils renferment ? Les verrait-on affluer vers les douves des tonneaux qui contiennent ces trésors qu'on leur a ravis, si elles n'étaient frappées des vapeurs qui en sortent ? Remarquerait-on surtout certaines Mouches trompées par l'odeur cadavéreuse de la serpentaire confier à ses spathes stériles des germes qui ne peuvent trouver la vie qu'au sein des chairs corrompues ?

Audition. J'allais vous parler de cet organe,

> Qui par un secret enchanteur,
> Sitôt que je puis vous entendre,
> Retient les sons de votre voix si tendre
> Et sait les transmettre à mon cœur.

mais l'auteur de toutes choses semble avoir voulu ici nous cacher des marques extérieures qu'il a rendues si remarquables chez beaucoup d'autres individus; toutefois il ne faut pas conclure de ce que ces parties ne nous sont pas connues chez les insectes, qu'ils soient privés des avantages de l'audition; la nature ne leur a pas donné le pouvoir de faire du bruit, pour frapper l'air de sons vagues et inutiles; son but en leur accordant cette faculté, nous montre toute l'étendue de sa prévoyance. La Courtilière cachée dans des souterrains, appelle sa compagne par des grognemens désagréables; le Cousin en se balançant dans les airs exprime par des tintemens l'hymne de ses amours, tandis que perchée sur l'aubépine ou le sureau, la Sauterelle par un bruissement qui nous étourdit, charme les sens de son amie. L'organe qui perçoit ces vibrations, peut être déguisé et rendu méconnaissable par sa forme et la place qu'il occupe; des animaux qui respirent par le corselet et les côtés, peuvent fort bien avoir les oreilles partout ailleurs que là où l'on s'attendait de les trouver [1].

Gustation. Les naturalistes ont cru pendant long-temps que la propriété de distinguer les saveurs résidait dans ces barbillons qui toujours vont palpant la nourriture que prend l'insecte; mais outre que ces parties manquent souvent, ou sont si petites

---

[1] Lyonnet, *Théol. des ins.*, t. 2, p. 6.

qu'il leur serait impossible de remplir les fonctions
qu'on leur prêtait, l'analogie nous porte à croire
que la gustation se manifeste chez nos petites créatures, comme chez les grands animaux, à l'entrée
du canal digestif. Au reste, il est toujours difficile de
juger de ce qu'on n'éprouve pas soi-même ; je serais
bien moins embarrassé, s'il fallait vous entretenir
des organes qui me sont propres, et qui vous doivent souvent leurs plus agréables sensations.

Mon goût semble toujours se guider sur le vôtre :
Ce bosquet vous plaît-il par sa douce fraîcheur ?
  J'aime ce lieu plus que tout autre.
  Flatté d'une suave odeur,
 Votre odorat, à ces fleurs, votre image,
 Vous fait-il porter votre hommage ?
J'admire comme vous leur parfum enchanteur.
De leurs boutons naissans que le matin entr'ouvre,
Si ma main quelquefois vous offre les présens,
  Le sentiment qu'alors j'éprouve
  Enivre aussitôt tous mes sens.
Tout me séduit en vous : quand d'un crayon habile,
Vous nous reproduisez, dans vos délassemens,
D'un papillon léger la parure fragile ;
  Quand j'entends votre voix facile,
  S'unir aux accords ravissans
Que produit sous vos doigts votre harpe sonore ;
  Mes yeux peuvent vous dire encore
  Tout le plaisir que je ressens.

Lettre Septième.

DE LA GÉNÉRATION DES INSECTES.

S'il me fallait vous rappeler toutes les opinions qui ont été émises sur la génération des insectes, vous seriez tentée de croire avec le plus grand des orateurs romains, qu'il n'est rien de si absurde qui n'ait été avancé par quelques philosophes [1].

Les anciens qui avaient une idée peu avantageuse de nos petits animaux, qu'ils considéraient comme des êtres imparfaits, attribuaient à divers corps le pouvoir de les créer [2] et de leur communiquer ce souffle de vie que l'éternel seul tient en ses mains. Je vais vous apprendre la manière dont ils expliquaient ce phénomène, en vous prévenant que je vous offre

---

[1] Cicero, *de Divinatione.*

[2] Arist., *Hist. des anim.*, l. v, ch. 19. — Virg., *Georg.*, l. iv. — Ovid., *Metam.* 34. — Bonani, *Mus.* Kirch. 337.

du galimatias , s'il en fut jamais au monde. Deux portions de matière, disaient-ils, diversement *influencées* par la chaleur, suffisent pour opérer semblable merveille; de l'une, il va s'échapper des émanations très-subtiles et très-agitées , qu'on peut appeler *esprits vitaux ;* de l'autre, des parties plus substantielles et plus inertes , qu'on nommerait *humeur vitale.* Le cours de ces deux fluides étant opposé, ils se rencontreront, se mêleront, fermenteront; quelques-uns de ces atômes formeront le cœur; le reste se changera en sang, d'où le cerveau sera produit, et... voilà l'animal fait[1].

La diversité des lieux où les créatures qui nous occupent semblent naître spontanément, fut sans doute la cause de l'erreur dans laquelle étaient tombés les premiers naturalistes. Ils avaient remarqué qu'une foule de ces êtres admirables voyaient le jour dans les chairs qui se décomposent, dans les eaux bourbeuses, etc. ; et ils en avaient conclu qu'elles étaient le principe de leur existence. Cependant s'ils avaient suivi la nature de plus près , s'ils avaient étudié sa prévoyance inépuisable , ils auraient vu que le Créateur en donnant en partage aux Boucliers, aux Dermestes , cette nourriture dégoûtante, semblait leur avoir dit : Vous déposerez vos œufs dans ces débris impurs, pour que vos petits nombreux détruisent rapidement ces sucs immon-

---

[1] Descartes, *Opuscula posth.* 1702.

des, dont les exhalaisons fétides porteraient la mort parmi les hommes. Mais tandis que par une sagesse toute divine, les animaux qui peuplent le globe semblent ne travailler qu'à un même but, le bien-être de celui qui se dit leur roi, lui seul pénétré d'ingratitude envers la puissance suprême, ose méconnaître la main qui les dirige.

Cette erreur, sur l'origine des insectes, s'est soutenue jusqu'au dix-septième siècle, sans éprouver de contradiction : les auteurs qui jusqu'alors avaient traité ce sujet, s'étaient plû à copier servilement ce qu'avaient avancé leurs devanciers ;

> Ils faisaient comme on voit tant de gens aujourd'hui;
> Pour écrire sur la science,
> Ils puisaient leur savoir moins dans l'expérience
> Que dans les ouvrages d'autrui.

Redi fut un des premiers, qui dégagé des préjugés vulgaires, eut le bon sens de vouloir vérifier un fait aussi étrange; il multiplia ses observations, qui toutes lui prouvèrent d'une manière incontestable, que les insectes dans leur reproduction, suivent les lois générales qui régissent tous les êtres :

> Gloire ô Redi, dont le génie
> Jusqu'en ses fondemens détruisit cette erreur,
> Et nous fit admirer la puissance infinie
> Et la bonté du Créateur.

Si vous êtes curieuse de répéter les expériences de ce savant italien, les voici [1] : il prit deux vases de

---

[1] Francisci Redi, *Experimenta circà gen. insect.* Amst. p. 47.

cristal, dans lesquels il fit entrer de la chair de divers animaux, avec la seule différence qu'il laissa libre l'orifice de l'un des deux, tandis qu'avec du papier et un linge d'un tissu fin et serré, il scella l'autre d'une manière impénétrable. Il lui fallut peu de jours pour découvrir dans le vaisseau non bouché, une foule de vers produits par les mouches qui y affluaient; mais après plus d'un mois il ne put en apercevoir dans l'autre, quoique les matières qu'il y avait déposées fussent déjà en état de dissolution; quelques jeunes larves qui s'agitaient sur le vélin qui en défendait l'approche, lui annonçaient seulement qu'une mère était venue chercher les moyens inutiles de procurer cette nourriture à sa famille naissante.

Ainsi, toutes ces petites créatures doivent leur existence à l'amour, à ce dieu, dont le nom seul vous effrayerait peut-être, si vous ne songiez qu'il ne s'agit ici que de faibles insectes, et qu'en déroulant à vos yeux ces tableaux, nous n'avons d'autre dessein que celui d'admirer de plus en plus les merveilles du Créateur.

> Sur les bords enchanteurs de cette onde tranquille,
> Près des humides lieux où le roseau mobile
> S'incline avec souplesse au souffle des zéphirs,
> Voyez avec quel art, lutinant les plaisirs,
> La Libellule sait, vive et capricieuse,
> Varier les transports d'une ardeur amoureuse;
> Tantôt du haut d'un jonc, qui sort du sein des flots,
> Elle promène au loin ses regards sur les eaux;
> Tantôt sur leur cristal, suspendue immobile,

Elle aime à s'y mirer ; ou d'une aile subtile
S'éloigne tout à coup, voltige en cent façons,
Et revient de nouveau répéter ces leçons.
Cependant ses amans, errans sur le rivage,
L'aperçoivent bientôt dans leur course volage ;
Soudain, remplis d'un feu qui les embrase tous,
On les voit, enflammés des désirs les plus doux,
Briguer, en voltigeant, le bonheur de lui plaire,
Tandis que, dans les airs, la coquette légère
A leurs yeux aussitôt se dérobe et s'enfuit,
En cherchant les regards de celui qui la suit.
Non loin des mêmes bords, la débile Ephémère
Consacre à l'amour seul son existence horaire.
L'Hémérobe, caché parmi les arbrisseaux,
Qui d'un feuillage épais ombragent les ruisseaux,
Goûte au tranquille abri des rameaux tutélaires,
Des plaisirs les plus doux les faveurs passagères ;
Et le léger Dytique, à travers les roseaux,
Sait trouver le bonheur au sein même des eaux ;
Tandis que des Girins les troupes vagabondes,
Effleurent en nageant la surface des ondes.
Cependant, près de là, dans les prés et les champs,
Le Papillon se livre à ses goûts inconstans ;
L'un, à moitié caché dans le lys solitaire,
Y recueille le suc qu'enferme son nectaire ;
Un autre, se jouant sur le gazon fleuri,
De la reine des fleurs volage favori,
Guette un de ces boutons que le jour fit éclore,
S'y pose, s'en éloigne, et s'y repose encore.
Ainsi, près des ruisseaux, dans les bois, les guérets,
Tout parle, à chaque instant, de leurs plaisirs secrets ;
Même quand le soleil, en sa course ordinaire,
De ses rayons mourans rougit notre hémisphère,
Et que déjà, des nuits, l'astre mystérieux,
Des bords de l'orient s'élève vers les cieux,
De ces êtres légers les troupes enhardies
Sortent de leur réduit, s'élancent aux prairies,

Des champs, vers les buissons, voltigent tour à tour,
A l'aubépine en fleurs viennent faire leur cour,
Et ne vont s'endormir dans la forêt obscure,
Qu'au moment où Phébus réveille la nature.

Tous les insectes, cependant, ne jouissent point du même destin; il existe dans plusieurs familles, comme nous le remarquerons chez les Abeilles, des individus d'un sexe équivoque on non développé, qui n'ont d'autres jeux que le travail, d'autres plaisirs que les fatigues; ilotes malheureux, destinés à préparer la félicité des autres sans la pouvoir partager. Un peu d'habitude les fait distinguer assez facilement des mâles et des femelles, qui sont également très-reconnaissables entre eux, à certaines marques particulières, qu'observe bientôt un œil exercé. La nature, en effet, s'est plu quelquefois à déceler extérieurement le sexe des insectes, de manière à ne pouvoir s'y méprendre : ayant, par exemple, doté les femelles de ces petits animaux d'une fécondité prodigieuse, elle leur a donné un ventre facile par sa grosseur à distinguer de celui du mâle ; et comme pour nous montrer que vous êtes toujours assez sûres de plaire sans avoir recours aux agrémens extérieurs, elle a eu soin d'accorder une parure plus brillante aux petits chevaliers de cette tourbe menue, soit en leur donnant des couleurs plus vives, soit en ornant leurs antennes de panaches ou d'aigrettes, ou en armant de cornes leur front ou leur corselet; tandis qu'elle a dépourvu de semblables défenses, et qu'elle a quelquefois même privé des ailes, un sexe fait pour briller par sa constance et régner par sa douceur.

La providence se sert de mille moyens pour favoriser ses desseins sur ces petites créatures; elle leur a donné le pouvoir de s'entendre par des sons particuliers, qui nous échappent souvent par leur faiblesse; mais qui sont sûrs de frapper l'ouïe à laquelle ils sont adressés; il est facile d'en deviner la cause:

> Le bruit le plus léger que fait celle qu'on aime,
> Produit sur nous si doux effets,
> Que pour la deviner, point ne faut voir ses traits;
> A la voix, la démarche, et jusqu'au souffle même,
> Fidèle ami ne se méprend jamais.

C'est ainsi que le Ptine, logé dans nos meubles vermoulus, appelle des coups redoublés de sa tête, celle qui est l'objet de ses vœux, et le faible bruit qui lui sert de réponse suffit pour le guider, dans les ténèbres, jusqu'aux galeries obscures qu'elle habite, dédales mystérieux, où le bonheur lui est promis.

Devineriez-vous jusqu'où la nature a poussé sa prévoyance? Voyez la femelle du Lampyre, connue sous le nom de ver luisant; privée d'ailes et traînant le long des buissons une vie obscure, elle eût été difficilement aperçue du mâle, pourvu des organes du vol et vivant loin des lieux qui la cachent, si elle n'avait reçu le pouvoir de répandre au loin une vive lumière, qui découvre sa retraite aux yeux de son époux. Chose admirable! à peine a-t-il entrevu cette clarté, qu'il accourt guidé par l'hymen; tandis que par un nouveau prodige, le flambeau qui lui servait de guide, pâlit à son approche, pour cacher aux yeux jaloux le destin qui l'attend.

D'autres insectes nocturnes, tels que les Phalènes, etc., sans avoir reçu un don aussi brillant, se découvrent néanmoins sans peine dans les bocages où ils voltigent; serait-ce par une cause analogue à celle qui vous offre si vite à moi, partout où vous vous trouvez?

> Qu'entre mille beautés, favorites des Grâces,
> Vous paraissiez en quelques lieux,
> Mon cœur qui vole sur vos traces,
> Sur vous guide aussitôt mes yeux,
> Et sur vos pas fixe ma vue;
> En vain êtes-vous confondue
> Parmi ces déités éclatantes d'attraits,
> Mon œil, comme un éclair, dans ce nuage épais,
> Vous distingue aussitôt, par un charme suprême;
> Mais comment mes regards, sans se tromper jamais,
> Peuvent-ils donc toujours, avec un art extrême,
> Aussi subtilement s'attacher à vos traits?
> Comment ne vois-je enfin que vous, sur tant d'objets?
> Amour seul peut, je crois, résoudre ce problème.

Peut-être ces insectes, sans répandre une lueur visible, jettent-ils un certain éclat; cela expliquerait du moins pourquoi les mâles de ces petits animaux accourent à la clarté de nos flambeaux, comme s'ils voyaient l'objet qui les captive dans tout ce qui brille le plus à leurs yeux.

Si la nature embellit ainsi les uns des charmes les

plus éclatans, elle donne aux autres tous les moyens de plaire, souvent même elle leur prête un langage expressif et qu'on peut juger passionné.

La Cigale, sous le beau ciel du midi de la France, dans ce pays, où résonna si souvent la lyre du troubadour, sait peindre aussi, par sa musique bruyante, sa flamme et ses tourmens ; le Grillon, caché dans son souterrain, mêle ses accords aux sons de la musette des pasteurs ou des chansons de la bergère ; tandis que retiré dans un trou voisin du foyer, son confrère le citadin, charme de son cri-cri ennuyeux les oreilles de son amie.

Heureux insectes ! ils consacrent aux soins les plus doux, une vie que la plupart des hommes usent dans les soucis dévorans et dans les inquiétudes, filles de l'ambition. Plus sages que nous dans leurs désirs, plus simples dans leur goûts, ils trouvent dans la retraite un bonheur que nous poursuivons auprès du char de la fortune ou à la suite des grandeurs qu'il n'accompagne jamais. Mais ne parlons plus de cet être qui depuis votre départ est devenu pour moi un fantôme imaginaire.

Autrefois j'ai pu le connaître,
Par lui, mes jours ont pu couler plus doux ;
Il me faudrait, pour le voir reparaître,
Habiter encor près de vous.

Lettre Huitième.

SUITE.

Hélas! pourquoi les dieux ont-ils fait du plaisir
L'existence si passagère?
A peine peut-on en jouir,
Qu'aussitôt, d'une aile légère,
Loin de nous on le voit s'enfuir,
Tel qu'un songe imposteur ou tel qu'une ombre vaine
Qui, dans notre sommeil, à nos yeux vient s'offrir,
Que le matin dissipe, et dont il reste à peine
Un léger souvenir.

Nous avons vu les insectes se livrant au besoin d'aimer, et consacrant à ce soin leurs instans les plus doux; mais hélas, qu'elle est courte pour eux cette aimable saison! que les illusions de leur bonheur se dissipent rapidement! voyez sur les bords de cette mare ces Éphémères qui sorties des eaux s'élèvent dans les airs pour la première fois. A peine boiventelles à la coupe du plaisir, que le néant les appelle déjà dans son sein dévorant ; le même jour qui les voit naître, voit terminer leur existence passagère, et souvent la même heure qui couronne leurs premières amours, est témoin de leurs derniers momens !

Tous les insectes, à la vérité, ne parcourent pas une carrière aussi limitée : mais en général, sous leur dernière forme, les mâles brillent peu de temps sur la terre. La nature ne les avait laissé parvenir à cet état que pour accomplir ses desseins, et ce but une fois atteint, ils terminent bientôt des jours désormais inutiles.

Cette loi générale vous expliquera la barbarie avec laquelle, chez les Abeilles, sont traités les Bourdons à certaines époques : tant que l'intérêt de la société avait exigé leur ministère, ils étaient fêtés, choyés, nourris, sans se mêler d'aucun travail ; mais sitôt que la république ne réclame plus leurs soins, dès que leur mission est finie, on oublie les services qu'ils ont rendus, et l'on se défait, par tous les moyens, de ces bouches inutiles.

On peut prévoir la fin prochaine de plusieurs insectes, au moyen du changement qui se manifeste dans leurs habitudes : le papillon dédaigne dans la prairie la corolle embaumée de ces fleurs, dont il était naguère le courtisan volage ; les Fulgores et les Lampyres éteignent le flambeau dont leurs désirs seuls animaient la flamme ; et comme Philomèle, la

Cigale annonce par son silence, que tout le mystère est accompli.

Mais pourquoi la femelle de ces petits animaux ne suit-elle pas le sort de son époux ? Pourquoi lui survit-elle toujours ?

> Il est si doux, pour ceux qui, d'une vie,
> Par les plaisirs et l'amour embellie,
> Partagèrent toujours et les biens et les maux,
> De pouvoir, à l'heure suprême,
> Ensemble, s'endormir de même,
> Dans la nuit des tombeaux !

Vous le devinez, sans doute ; le but de son existence n'est pas encore rempli : c'est à la tendresse maternelle qu'est réservé ce soin touchant de pourvoir aux besoins de sa famille future. Elle se livre toute entière à ce devoir important, et la ponte de ses œufs qui occupe les derniers instans de sa vie, en présage d'une manière infaillible le terme rapproché. C'est la plante qui, à son déclin, confie aux zéphirs les semences qu'elle renferme, qui doivent perpétuer son espèce sur la terre.

On peut dire que tous les insectes sont ovipares ; car si quelques-uns, semblables à la vipère, produisent des petits vivans, ces derniers sont sortis d'œufs éclos dans le sein maternel, après y avoir séjourné quelque temps : plusieurs Mouches nous en fournissent l'exemple. Les Pucerons offrent un phénomène plus extraordinaire encore ; tant que durent les beaux jours, ils donnent naissance à plusieurs générations successives d'êtres conformés comme eux ; mais sitôt qu'approche la saison brumeuse de l'automne, ils ne pondent plus que des œufs, comme s'ils prévoyaient que leur progéniture serait incapable de soutenir les rigueurs de l'hiver. Qui donc a donné tant de prévoyance à ces faibles créatures ? qui leur a appris qu'après leur dernière ponte surviendrait un temps rigoureux, qui menacerait de moissonner leur postérité toute entière ?

> Approchez, sages de la terre,
> Venez sonder de ce mystère
> L'impénétrable profondeur !
> Vous, qui suivez dans leur carrière,
> Ces mondes, dont la nuit révèle la splendeur,
> Vous, qui de l'astre de lumière
> Osez calculer la grandeur,
> Ou qui supputez la distance,
> Qui le sépare d'ici-bas,
> A nos sens étonnés éclaircissez ce cas !
> Que vois-je ? ils restent tous dans un humble silence !
> Un faible Puceron arrêta leur science
> Et de leur profonde ignorance
> Nous montre toute la grandeur ;
> Ce n'est donc que par vous, inépuisable auteur,
> Dieu puissant, sagesse éternelle,
> Qu'on sache expliquer vos bienfaits ;
> Oui, je reconnais là votre main immortelle,
> Qui, des êtres divers, protectrice fidèle,
> Se plaît à conserver par cent moyens secrets
> Les ouvrages créés par elle.

Tout tend cependant à la destruction des insectes ; l'Araignée vorace place de tous côtés ses filets

perfides, qui doivent arrêter les imprudens qui osent
s'y précipiter ; la Libellule, semblable à l'autour
cruel, s'élance avec la rapidité de l'éclair sur les
Mouches sans défense ; l'Asile attaque jusqu'aux Coléoptères défendus par une cuirasse ; tandis que
l'Ichneumon armé d'une tarière, dépose dans le
corps de la Chenille des vers nombreux, qui la doivent dévorer lentement. Enfin les guerres que nous
leur faisons, celles que leur livrent une foule d'oiseaux qui fondent sur eux la nourriture la plus délicate de leur jeune famille, les accidens de tous
genres qu'ils éprouvent, les ravages que font parmi
eux les froids tardifs ou l'intempérie des saisons,
auraient bientôt fait disparaître quelques familles entières, si la nature ne leur eût accordé une fécondité,
pour ainsi dire, sans bornes. Vous serez sans doute
surprise, d'apprendre que la plupart des Papillons
femelles pondent plusieurs centaines d'œufs ; qu'une
reine Abeille en met au jour trente ou quarante mille
dans un an, et que quelques Mouches peuvent en produire jusqu'à vingt mille d'une seule portée ; cependant la rapidité avec laquelle ils pullulent n'est pas
moins étonnante que la proportion dans laquelle ils
se multiplient. Sans vous parler ici des Poux ou des
Ricins, vermine odieuse, dont les générations se
succèdent si rapidement, qu'on a dit plaisamment
de ces animaux, qu'en peu de jours ils peuvent devenir aïeuls ou bisaïeuls, n'avez-vous pas remarqué
certaine Mouche grise, si insupportable par l'ha-

bitude qu'elle a de déposer ces petits sur la viande ?
Il faut peu de temps à ces espèces de vers pour devenir, par des métamorphoses rapides , semblables à
ceux de qui ils tiennent la vie, et pour être capables à leur tour, de perpétuer leur race sur le
globe.

Quelque travail que doivent exiger des pontes si
considérables, ne croyez pas que ces créatures placent au hasard l'espérance de leur famille future.
Le Papillon se souvient de la plante qu'il dévorait
sous la forme de Chenille ; la Tipule se rappelle les
lieux qu'elle habitait dans son enfance, et la Phry-
gare , l'Éphémère , le Cousin, oubliant qu'ils sont
habitans des airs, s'approchent de l'humide élément,
et confient aux ondes protectrices leur progéniture
à venir, qui ne peut vivre que dans leur sein.

Quels soins touchans inspirent à ces mères l'amour
de leurs petits! quel empressement elles mettent
avant leur mort à pourvoir à leurs besoins futurs!
Le Bousier renferme ses œufs dans des boules qu'il
façonne de la fiente des bestiaux qui doit servir de
nourriture aux larves qui en sortiront; le Hanneton
place les siens près des racines qu'ils doivent ronger, et le Cerf-Volant les confie aux arbres qu'ils doivent perforer. L'industrie que déploie le Sphex est
plus admirable encore : sitôt qu'il a découvert un
petit trou où sa famille peut être en sûreté, il va à
la rencontre d'une Araignée, la tue, l'apporte dans
cette retraite, et place un œuf dans son ventre qui

offrira une curée abondante au petit qui doit naître.
Il ne se borne pas à ces soins; pour cacher à ses
ennemis cette proie et le germe précieux qu'elle renferme; il bouche l'entrée de cette cellule avec de
l'argile qu'il pétrit, en n'y laissant que l'issue nécessaire à la sortie de l'insecte dont elle doit dérober l'enfance.

D'autres fois, la nature elle-même s'est chargée de
protéger le germe de nos insectes, en leur donnant
une couleur semblable aux lieux où ils sont exposés.
Ainsi les petits anneaux de semences que dépose la
Phalène *livrée*, sont gris comme les rameaux qu'ils
entourent ; ainsi le duvet jaunâtre qui recouvre la
ponte de la *Chrysorrhée*, imite la feuille morte sur
laquelle elle repose. Mais la plupart du temps ces
êtres industrieux y ajoutent encore par des précautions particulières, et l'on dirait à voir la peine
qu'ils se donnent, pour mettre leurs œufs à l'abri
du froid ou de la voracité des autres animaux, qu'ils
ont prévu les dangers qu'ils pourraient courir. L'Hydrophile les enferme dans une coque soyeuse, de
consistance solide, et les abandonne aux flots au
sein desquels ils doivent éclore; la Blatte les porte
à l'extrémité de son ventre, comme un trésor précieux dont elle ne peut se séparer; tandis que quelques Punaises font la garde autour des leurs, et
veillent même sur leurs petits nouvellement éclos,
prêtes à les défendre avec courage contre celui qui
oserait les attaquer. Ainsi la Poule, à l'approche de

l'autour, rassemble d'un cri ses poussins sous son aile et brave les serres cruelles de l'oiseau qui la menace : mais la femelle du Gallinsecte fait encore plus : sur le point d'expirer, elle couvre de son corps informe les œufs qu'elle met au jour, et les protége ainsi, même après sa mort, contre les ennemis de sa race, que trompe sa structure monstrueuse. Elle ne pouvait pousser plus loin la tendresse, c'est le comble de l'amour maternel. Adieu.

Un jour, sans doute, je l'espère,
Vous apprendrez, à votre tour,
Jusques où sait aller l'amour
Et la tendresse d'une mère.
Pour vous guider dans ce savoir,
Votre cœur sera votre maître ;
Sans peine il vous fera connaître
Tout ce qu'a d'agréable un semblable devoir.

Quand vous devrez, ma jeune amie,
Savourer d'un tel sort l'ineffable douceur,
O vous, qui connaissez mon cœur,
Choisissez-moi, je vous en prie,
Pour partager votre bonheur.

Lettre Neuvième.

DES MÉTAMORPHOSES DES INSECTES.

Zéphyre amène les beaux jours :
Avec eux, l'on voit reparaître
Les ris, les jeux et les amours ;
Les fleurs que son souffle fait naître
Décorent déjà les gazons ;
L'on n'entend plus les aquilons,
Au travers des bois sans feuillages,
Gronder au loin avec fracas ;
L'oiseau de sinistre présage
Suit l'hiver en d'autres climats ;
Tandis que les troupes nombreuses
Des chanteurs légers du printemps,
Viennent, de leurs chansons joyeuses,
Égayer nos bois et nos champs.
Déjà, prolongeant sa carrière,
Phébus ravive sa lumière
Et son feu régénérateur ;
A sa présence, la nature
Recouvre aussitôt sa vigueur ;

Les prés retrouvent leur parure,
Les bois leur ombrage enchanteur,
Et, jusqu'au cœur de la bergère,
Tout ressent l'effet salutaire
De la chaleur.

Qui n'a éprouvé l'influence de cette température printanière? qui n'a jamais joui des émotions délicieuses que nous causent ces beaux jours? Notre ame agitée s'abandonne aux illusions les plus douces : une vie nouvelle semble embellir notre existence, et tout renaît avec nous dans la nature!

Les œufs des insectes déposés en automne, par les soins maternels, ont passé sous cette forme toute la saison rigoureuse, sans éprouver de changement intérieur; mais sitôt que l'astre du jour commence à vivifier la terre, les embryons qu'ils renferment prennent de plus en plus de consistance, leurs parties s'affermissent chaque jour, et bientôt ils rompent l'enveloppe qui les recouvre, et signalent leur entrée dans le monde.

Il semblerait d'après toutes les analogies, que le nouvel animal, au sortir de sa prison, dût être une image raccourcie, mais fidèle, de celui à qui il doit la vie ; cependant par un de ces jeux de la nature, plus merveilleux que les ingénieuses fictions de la mythologie, la plupart des insectes ne ressemblent presque en rien, à leur naissance, à ce qu'ils doivent être par la suite, et ils ont à subir plusieurs changemens avant d'avoir atteint leur état de perfection.

Nous allons examiner ces divers développemens, auxquels on a donné le nom de *métamorphoses*, et nous verrons comment un Papillon, par exemple, cet animal brillant et léger, cet être aérien qui ne vit que du suc des fleurs, et ne semble né que pour le plaisir, comment, dis-je, au sortir de l'œuf, il doit se montrer sous la figure informe de Chenille, dévorer une nourriture grossière, et s'enfermer ensuite dans un tombeau qu'il se construit lui-même, avant de devenir habitant des airs et plaire à nos regards. Nos petits animaux passent donc par trois états différens. Le premier sous lequel ils se présentent, a reçu le nom de *larve* [1], terme générique qui indique qu'ils sont comme couverts d'un masque qui nous déguise leur véritable caractère; ce qui a fait dire à quelques malins que tous les larves ne produisaient pas des insectes.

> Car sous ce nom, si l'on voulait comprendre
> Ces amis si nombreux quand nous sommes puissans;
>   Ces neveux doux et complaisans,
> Qui, près d'un oncle riche et courbé sous les ans,
>   Montrent une amitié si tendre;
> Ces serviles flatteurs qui, des rois et des grands,
>   Caressent toutes les faiblesses
>   Et changent en faits éclatans
>   Leurs puériles petitesses;
>   Enfin toutes ces bonnes gens
>   Dont l'univers sans cesse abonde,
>   Et qui, sous l'air le plus discret,

---

[1] Pl. 2, fig. 5, 6.

> Vont de chacun médisant à la ronde,
> Oh! que bientôt l'on compterait
> De larves dans ce monde!

Mais revenons à nos petits animaux : l'insecte dans ce premier état, est à son enfance ; faible et incapable de reproduire son espèce, il naît sous une forme si petite, comparativement à celle qu'il doit acquérir, qu'on se le figurerait à peine, si les calculs de quelques savans n'avaient offert ce sujet à notre admiration. Ainsi l'on a estimé que la chenille du *Cossus* pesait 72,000 fois moins en naissant qu'après avoir pris tout son accroissement ; que les larves de la mouche vivipare (*Carnaria*), n'ont au sortir du sein de leur mère, que la cent cinquante-cinquième partie du poids qu'elles acquièrent vingt-quatre heures après.

Que va donc devenir un être si faible, et qui est privé des soins maternels? Ah! Julie, c'est dans la puissance infinie de celui qui les créa, qu'il faut chercher la cause de leur conservation.

> Aux petits des oiseaux il donne la pâture,
> Et sa bonté s'étend sur toute la nature.
> RACINE, Athalie.

Admirez en effet, la prévoyance de cette sagesse éternelle dans l'harmonie qui existe entre la naissance des insectes et le développement des feuilles ; c'est au moment où nos bosquets reprennent leur robe verdoyante, où les arbres se parent d'un vêtement nouveau, qu'est fixée la grande époque de l'appa-

rition de ces larves ; nées plus tard, leurs mâchoires, faibles encore, eussent trouvé peut-être trop
d'obstacles à couper les feuilles devenues plus
dures; aussi, est-ce au moment où elles commen-
cent à se dégager de leur bourgeon, que Dieu a
créé des insectes pour les dévorer. C'est un aliment
proportionné à leurs forces : c'est le lait de l'enfant
qui vient de naître.

Je vous ai fait connaître précédemment, quels
soins les mères apportaient à placer leurs œufs,
de manière à assurer une nourriture toute prête à
leurs petits. A peine se montrent-ils au jour, qu'on
les voit occupés à remplir le but auquel les a destinés l'Éternel, qui est de consommer la matière orga-
nisée. Ils s'acquittent de cet emploi avec une activité
dont vous ne pourriez vous faire une idée :

> Jamais ogre grand ou petit,
> Dont puisse nous parler l'histoire,
> Ne sut manger, il le faut croire,
> D'un si dévorant appétit.

L'imagineriez-vous en effet ? une de ces larves est
capable, en vingt-quatre heures, de détruire le triple
de son propre poids. Il faut convenir aussi qu'elles
s'engraissent avec une rapidité extraordinaire ; mais
au bout de quelques jours, leur peau qui ne peut se
prêter à un accroissement si subit, perd la beauté
de ses couleurs, et semble gêner le corps de son
étroite circonférence. L'animal inquiet et malade,
se voue alors à un régime, à une abstinence volon-

taire ; il travaille à se débarrasser de cette enveloppe presque desséchée, qui bientôt cédant à ses efforts, se fend sur le crâne, et coule le long de son corps comme la chemise que nous quittons. Ainsi la nature réalise pour ces petites créatures, tout ce qu'avaient imaginé les anciens sur la fontaine de Jouvence : car à peine ont-elles abandonné cette dépouille, qu'elles se présentent revêtues d'une peau nouvelle, qui leur rend par sa fraîcheur et la vivacité de ses couleurs, tout l'éclat de la jeunesse.

> Si, par un art industrieux,
> On nous pouvait créer les mêmes avantages,
> Que de minois ridés, que d'antiques visages,
> Qui des rapides ans annoncent les outrages,
> Emploieraient promptement ce secret précieux !

L'insecte, après ce premier changement, se remet à manger comme auparavant, jusqu'à ce que gêné de nouveau, il lui faille répéter la même opération. Quelques larves subissent ainsi quatre ou cinq mues en peu de semaines ; après quoi, parvenues à la grosseur qu'elles doivent atteindre, elles s'encroûtent d'une enveloppe solide qui emmaillote toutes leurs parties, et se condamnent à un jeûne rigoureux, pendant lequel elles se préparent à l'époque la plus glorieuse de leur existence.

Le déguisement nouveau sous lequel elles se montrent pendant ce temps de repos et d'immobilité, est la seconde période de leurs métamorphoses ; c'est l'état de *Nymphe*[1], qui indique que l'insecte est alors vierge, vivant dans le silence et dans la retraite, loin du monde avec qui il n'a aucune liaison. La beauté de quelques-unes de ces nymphes, qui resplendissent de l'éclat de l'or, les a fait nommer *chrysalides* ou *aurélies*, comme on les désigne aussi sous le nom de *fèves*, par la ressemblance qu'elles ont avec ce fruit, ou avec une poupée emmaillotée. Enfin après un temps plus ou moins long, nécessaire à la consolidation de ses divers organes, l'animal se dégage des bandelettes qui le resserrent, brise le tombeau qui le renferme, et s'élance rayonnant sous la forme d'insecte parfait, qu'il doit conserver le reste de sa vie.

Tous ces petits êtres intéressans ne passent cependant pas par ces trois états ; de là viennent les divisions établies, d'après les développemens plus ou moins complets qu'ils éprouvent. Ainsi, la métamorphose est *nulle*, chez ceux qui sont destinés à ne point avoir d'ailes, parce qu'ils apportent en naissant la forme qu'ils doivent toujours conserver. Ils ne sont sujets qu'à de simples mues, qui n'opèrent point de changement dans leur organisation extérieure.

La métamorphose est *partielle*, chez ceux qui devant acquérir des ailes, n'ont qu'à les recevoir pour être entièrement organisés. Leur larve ressemble à l'insecte parfait, à l'exception de ces organes, dont

---

[1] Pl. 2, fig. 7, 8.

les moignons se montrent sur la nymphe et qui se développent à leur dernière transformation. Telles sont les Sauterelles agiles qui bondissent dans nos prairies; telles sont les Libellules légères qui voltigent le long de nos étangs.

Enfin la métamorphose est *complète* chez ceux qui devant être pourvus des organes du vol se présentent, dans leur enfance, sous la forme d'un ver ou d'une chenille; qui doivent ensuite comme nymphes rester quelque temps dans un état d'immobilité, et souvent dans un tombeau qu'ils se pratiquent eux-mêmes, d'où ils sortent avec le degré de perfection qu'ils doivent acquérir. C'est la métamorphose des Mouches qui voltigent dans nos appartemens, et du Papillon qui porte son hommage aux fleurs de nos jardins; c'est l'image de celle que nous devons nous-mêmes éprouver.

Semblables à l'insecte, aux jours de son enfance,
Nous traînons, ici-bas, notre courte existence;
Ballotés par les soins, les soucis dévorans,
Rongés par les ennuis, emportés par le temps,
Nous arrivons hélas, de même, mon amie,
Au léthargique état du sommeil de la vie.
Mais en entrant aussi dans un sombre séjour,
Comme lui, pouvons-nous attendre un nouveau jour?
Comme lui, dépouillant l'enveloppe grossière
Qui nous sert à voiler notre splendeur dernière,
Du sépulcre vainqueur, devons-nous en sortant
Espérer de jouir d'un sort plus éclatant?
Oui, vainement l'Erreur, que guide la Folie,
Nous dit que tout périt, tout finit à la vie,
Et jusques au néant voudrait nous ravaler;

Un sentiment secret, en nous vient révéler
De nos destins futurs la splendeur étonnante :
L'espérance soutient la raison chancelante,
Aggrandit nos pensers et nous fait voir aux cieux
De nos momens d'exil le terme glorieux.
Espoir consolateur, qui luis dès notre aurore,
Au déclin de nos ans, d'un feu plus vif encore,
Tu brilles aux regards du vieillard expirant !
      Tu consoles l'homme mourant,
      Au moment où son corps succombe ;
Et son cœur par tes soins plein de sécurité,
Brave la faux du temps en voyant sur sa tombe
      Les rayons de l'éternité.

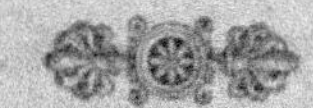

Lettre Dixième.

DES PRINCIPAUX AUTEURS D'ENTOMOLOGIE.

Je voulais vous parler des savans les plus remarquables qui ont travaillé sur l'Entomologie; j'avais même déjà ébauché ce travail, lorsque cette nuit, tout occupé de ce sujet, j'ai fait un rêve qui suppléera à tout ce que j'avais le dessein de vous dire.

Transporté sur l'aile des songes dans un monde enchanté, je crus aborder un des jardins des fées, tant les merveilles qui vinrent s'offrir à moi étonnaient mes yeux stupéfaits. Une femme présidait à ces lieux, et les vivifiait par sa présence: sa taille était élégante, son port majestueux; sa physionomie était si douce, que lorsqu'on l'avait une fois admirée, on ne pouvait s'empêcher de l'aimer et d'être attiré vers elle par un charme irrésistible; les jouissances tranquilles, les plaisirs sans remords, voltigeaient autour d'elle; un habit de verdure servait de voile à ses charmes, et les fleurs les plus variées couronnaient sa tête; on voyoit que l'art n'avait pas présidé à sa toilette, et cependant elle n'en plaisait que davantage. Une foule de sages et de philosophes qui fuyaient les grandeurs, venaient chercher auprès d'elle le bonheur qu'ils étaient sûrs d'y trouver; j'en distinguai plusieurs qui avaient quitté depuis peu l'agitation des cours ou le tumulte des villes, et je remarquai que les ennuis qui naguères obscurcissaient leur front, avaient fait place à une sérénité qu'ils n'avaient jamais goûtée encore. Quel peut être ce personnage mystérieux, me disais-je? Ne connais-tu pas la Nature? me répondit une voix secrète. Enflammé sur le champ d'une noble curiosité, j'allais lui adresser mille questions : doucement, me dit la même voix; il n'est pas donné à tout le monde de l'interroger, et c'est à bien peu de personnes qu'elle accorde la faveur d'une réponse. Réduit au silence par cette observation, je m'amusai à contempler la foule qui se pressait autour d'elle.

Dans le lointain paraissaient quelques individus égarés qu'elle semblait repousser du nombre de ses favoris. Je n'en fus point surpris, lorsque je m'aperçus qu'ils la regardaient comme la fille du Hasard, et la considéraient comme une puissance subalterne, soumise aux lois du rapprochement des atomes et des molécules. La Raison leur criait :

> Insensés, qu'aveugle l'erreur,
> Prenez une marche plus sûre;

> Pour être amis de la Nature,
> Il faut aimer le Créateur.

Je les laissai de côté, pour m'occuper de ceux qui, de plus ou moins près, formaient sa cour; là, je vis aussitôt notre immortel BUFFON, peignant l'homme, les quadrupèdes et les oiseaux.

> Dans ses magnifiques tableaux
> La nature à plaisir contemplait son image,
> Et pour embellir son ouvrage,
> Elle-même, en secret, conduisait ses pinceaux.

Là, je distinguai LAVOISIER, ce savant illustre, qu'une mort...... mais, détournons la vue.....

> Aux pas de l'aimable déesse,
> Les yeux constamment attachés,
> Par son génie, il dérobait sans cesse
> Tous ses secrets les plus cachés.

Là, enfin, j'aperçus une foule d'adorateurs qui étaient rangés par groupes différens, suivant les diverses parties auxquelles ils s'appliquaient; je distinguai bientôt dans le nombre les Entomologistes; c'est sur eux que je fixai mes regards.

Quels sont ces deux personnages remarquables qui marchent à la tête de cette troupe savante? Vingt vieillards centenaires les entourent, et murmurent en s'inclinant devant eux, dans une respectueuse admiration, les noms d'ARISTOTE et de PLINE.

> Sur vingt siècles passés, qu'éclaira leur esprit,
> Ils paraissaient briller encore,

> Comme l'on voit un météore
> Resplendir au sein de la nuit.

Après un long intervalle, rempli par le Temps et par l'Ignorance, je vis voltiger quelques ombres; je les reconnus pour celles des premiers modernes qui s'étaient attachés au culte de la Déité. Hélas! les Erreurs qui les accompagnaient, conduisaient ces savans à l'oubli!

> Avant que chez les morts ils fussent descendus,
> Sans doute à quelque honneur ils auraient pu prétendre;
> Mais puisque parmi nous on ne les nomme plus,
> Laissons donc reposer leur cendre.

Rédi, qui suivait cette troupe confuse, s'illustrait par ses observations sur la génération des insectes, en prouvant à ses successeurs que ces petits animaux étaient loin de devoir leur origine à la pourriture ou autres matières semblables, ainsi qu'on l'avait cru jusqu'à lui.

> Appuyé sur l'expérience,
> Le doigt dirigé vers les cieux,
> Triomphant, il montrait l'Éternel à leurs yeux
> Comme source de l'existence.

J'aperçus bientôt SWAMERDAM, frayant la route à une foule avide de suivre ses traces. Occupé à des travaux sur l'anatomie des insectes, il découvrait le premier les principaux modes de leur transformation, et confiait ses remarques intéressantes à des feuilles éparses, que la négligence eût pu enlever à notre admiration, si Boerhaave n'avait eu le soin de les rassembler, pour les offrir à la postérité.

Mais, que vois-je? une femme! oui, c'est vous, m'écriai-je, Sibille Mérian, qui, après vous être livrée en Europe à l'étude attrayante des insectes, franchissez les mers, pour aller jusqu'à Surinam, élever ceux d'Amérique, les suivre dans leurs métamorphoses et les peindre sur vos tablettes.

<blockquote>
Avec un art digne d'envie,
Sa main, des papillons, imitait les couleurs,
Et sous ses pinceaux enchanteurs
Semblait leur conserver la vie.
</blockquote>

Près d'elle marchait Rai, qui le premier essaya de ranger, d'après un ordre méthodique, les petits animaux que ses devanciers avaient jusqu'alors décrits confusément.

<blockquote>
Et si de réussir il n'emporte le prix,
Il a du moins l'honneur de l'avoir entrepris.
La Fontaine.
</blockquote>

Je le perdis bientôt de vue pour admirer Réaumur. Grands dieux! quel observateur patient et infatigable! il ne quitte pas la Déesse. Je crois même que, touchée de ses hommages, elle soulève souvent son voile pour se montrer à lui; mais avec quelle modestie il reçoit cette faveur! quel air de candeur est répandu sur toute sa physionomie! il consigne ses découvertes dans des mémoires curieux, qui décèlent à chaque page l'amour du bien dont il était animé.

> Acquérir un savoir futile,
> Ne flatta jamais ses désirs ;
> Au bonheur de se rendre utile
> Il consacra tous ses loisirs.

Un peu plus loin, DE GEER, animé des mêmes goûts, mais plus remarquable par l'ordre méthodique qui l'accompagnait, suivait Réaumur avec non moins de succès ; tous les deux ils cherchaient à prouver à la Déité leur reconnaissance, en tâchant d'étendre son culte heureux.

> Doués d'une éloquence pure,
> Attachans dans tous leurs récits,
> Quiconque lisait leurs écrits
> Voulait connaître la Nature.

Il leur fallait tout l'éclat dont ils étaient environnés, pour n'être point éclipsés par l'auréole de gloire qui ceignait la tête d'un Entomologiste qui s'avançait :

> Dans ses yeux brillait le génie,
> Et dans tous ses traits la bonté ;
> Dans ses regards la modestie ;
> Sur son front l'immortalité.

Assidu auprès de la Nature, il semblait en apprendre tous les secrets ; mais tandis que d'un esprit pénétrant, il classait toutes ses productions et les peignait en peu de mots, la Déesse aux cent voix allait publiant ses œuvres et remplissait l'univers du nom de LINNÉ. Un Lyonnais était aux pieds du grand homme : c'était DE VILLERS qui, comme GMELIN, cherchait par son appui à obtenir quelques feuilles des couronnes dont il était chargé. L'admiration universelle qu'il inspirait fut cause que je fis moins attention à FRISCH, que l'Allemagne honorait, et à SCOPOLI, dont les échos de la Carniole répétaient le nom.

Marchant dans une voie moins méthodique, mais tout occupé à étudier les habitudes des insectes, je distinguai ROESEL, que tâchait de suivre KLÉEMANN, son gendre.

> Observateur plein de finesse,
> Habile à nuancer les diverses couleurs,
> Il sait avec la même adresse
> Peindre ces animaux et dévoiler leurs mœurs.

BONNET, que guide une douce philosophie, vient aussi arrêter ma vue.

> Il célèbre un Dieu créateur,
> Il lui consacre ses hommages,
> Et nous démontre sa grandeur
> Dans ses admirables ouvrages.

N'est-ce point LYONNET qui marche après eux, et qui, le scalpel à la main, s'occupe à compter les quatre mille quarante-un muscles que renferme le corps d'une chenille?

> La patience l'encourage;
> L'habileté dirige son stylet;
> L'art applaudit à son ouvrage,
> Et la perfection y pose son cachet.

Quel est donc, me disais-je, celui qui, à l'instar

de Linné, choisit les ailes des insectes pour base de
ses coupes classiques; mais qui y ajoute pour la
lucidité des ordres, les différences que présentent
dans leur nombre les articulations des pieds de ces
petits animaux?

> A ses efforts toujours docile,
> La nature l'accueille avec un doux souris,
> Et la science, en ses écrits,
> Devient attrayante et facile.

J'entendis aussitôt les environs de Paris retentir
du nom de GEOFFROY, tandis que la France, qu'il
éclairait, lui vouait une admiration que partageait
tout le monde savant. J'étais tellement pénétré de
l'enthousiasme qu'il inspirait, que je faillis ne pas
apercevoir FOURCROY, qui se cachait sous son ombre, et SCHŒFFER, qui s'attachait à ses pas.

Une foule d'amateurs plus ou moins chéris de la
Déesse, tels que SEBA, CLERCK, PALLAS, DRURY,
ERNST, CRAMER, ESPER, HARRIS, STOLL, dont les
pinceaux reproduisaient les formes et les nuances
de divers insectes, allaient fixer mon attention,
lorsque j'aperçus un naturaliste qui semblait grandir
en s'approchant:

> Loin d'adopter une marche servile,
> Il suit des sentiers différens,
> Et s'élève aux suprêmes rangs
> Par une route difficile.

Toutes ses divisions systématiques reposent sur
la bouche des petits animaux qu'il décrit; un génie

colossal l'accompagne, en offrant à l'Immortalité une foule d'ouvrages, sur lesquels est inscrit le nom de FABRICIUS.

Ébloui par le sillon de lumière qui brillait sur ses traces, je laissai passer SCHRANCK, qui énumérait les insectes de l'Autriche; ROSSI, qui faisait connaître ceux des provinces Étrusques, et HERBST, qui s'occupait des Coléoptères et des Papillons; mais mes regards s'étaient à peine arrêtés sur un favori de la Nature qui les suivait, que je n'eus pas besoin de le considérer plus long-temps sous les immortelles qui ombrageaient sa tête, pour reconnaître OLIVIER.

> Un génie éclatant lui dictait chaque page,
> Les marquait de son sceau brûlant,
> Et regrettait en soupirant
> Qu'il n'écrivit pas davantage.

Un sourire affectueux de la Déité me fit remarquer un savant à qui il était adressé. Ses cheveux que l'âge n'avait point blanchis, son front incliné qui semblait méditer encore, me firent juger qu'il n'avait pas brillé long-temps sur la terre; des écrits sur les Coléoptères de Prusse, etc., qu'il roulait dans sa main, m'annoncèrent ILLIGER.

> Couvert de gloire en ses jeunes années,
> Il se fut illustré par de nombreux travaux,
> Si l'inexorable Atropos
> N'eût si rapidement tranché ses destinées.

Une foule d'insectes Hyménoptères qui volti-

geaient, me décélèrent Jurine, qui consacrait à leur
étude son temps et ses soins.

> Naturaliste instruit, observateur habile,
> Sur l'aile d'un Bourdon le regard arrêté,
> Il découvre un chemin facile
> Pour parvenir à l'immortalité.

En voyant au milieu de tant de personnages célèbres ceux que l'avare Achéron nous a récemment
enlevés, je sentis des larmes rouler sous ma pau-
pière humide et des soupirs s'échapper de ma poitrine oppressée. Vous me les arrachâtes, savant
Palissot, qui bravâtes les feux du soleil africain
pour nous révéler les richesses entomologiques de
ces plages lointaines!

J'allais lui offrir mes hommages d'admiration,
lorsque je vis apparaître celui que la mort impi-
toyable vient de nous ravir.

> La douleur, les justes regrets
> Accompagnaient Godard dont la France s'honore,
> Et la Science en deuil, le front ceint de cyprès,
> En le perdant pleurait encore.

Mais où sont donc, me disais-je, nos illustres du
jour, les Cuvier, Latreille, Lamarck, Duméril,
Walckenaer; Marcel de Serres, Dejean, Duponchel, Savigny, Chabrier, etc., etc. [1], dont les

---

[1] Parmi les Français qui ont aidé ou qui contribuent encore le plus aux
progrès de l'Entomologie, on ne peut omettre MM. Dufour, Lepelletier
de St-Fargeau, Leclerc, Macquart, Boisduval, Desmarets, Audouin,

noms immortels sont depuis long-temps inscrits en lettres d'or dans les fastes de la Nature? Laisse-les, me répondit la voix mystérieuse qui se chargeait de m'instruire; laisse-les charmer encore les mortels par leurs écrits et élever leur gloire à son apogée; ce n'est qu'alors qu'ils seront visibles en ces lieux où ils se montreront dans toute leur grandeur aux yeux de la postérité. O Nature! m'écriai-je alors, ne pourrai-je, à leur exemple, observer vos merveilles dans les œuvres du Créateur!

> Va, dit-elle, aux pieds de Julie
> Admirer du Très-Haut le pouvoir souverain;
> Jamais, sur la terre embellie,
> Ouvrage plus parfait ne sortit de sa main.
> Va, trop heureux mortel... un jour, pour récompense
> Du plus sincère attachement,
> L'Hymen à cet objet charmant
> Attachera ton existence.....

A ces mots, éveillé en sursaut par le plaisir que me causait cette prédiction, je me suis aperçu que je n'avais fait qu'un rêve; mais il m'a paru si singulier, que j'ai cru devoir vous le faire connaître sans y rien changer.

Miger, Descourtilz, Strauss, Faudras, Serville, Guérin, Lefebure de Cérisy, Prudent de Villiers, etc., etc., et chez les étrangers MM. Panzer, Clairville, Paykull, Meigen, Kirby, Huber, Clarck, Gyllenhal, Schonherr, Hübner, Gravenhorst, Klug, Mac-Leay, etc., etc.

Lettre Onzième.

DIVISION MÉTHODIQUE DES INSECTES.

Je vous écris de ces bosquets
Où j'aime à rêver solitaire ;
Ces lieux à mon cœur savent plaire :
C'est là qu'il jouit de la paix ;
Là, tout m'attire et m'intéresse,
A mon ame, à mes yeux, tout y parle de vous ;
Là, de ma première jeunesse,
Tout vient me rappeler le souvenir si doux.
Tantôt sur quelque sycomore,
Par ma main novice tracés,
Je vois nos noms entrelacés,
Respectés par le temps se marier encore !
Tantôt, dans ces aimables bois,
Mes pieds foulent ces fleurs chéries,
Qu'enfans, nous nous plaisions à cueillir autrefois ;
Tantôt, enfin, sur ces rives fleuries,
Où près de vous, jadis, je m'asseyais parfois,
Je promène aujourd'hui mes vagues rêveries.
Autour de tant d'objets charmans

> Qui me rappellent votre image,
> Je me crois encore à cet âge
> Où, dans les mêmes jeux s'écoulaient nos momens,
> Où les mêmes plaisirs nous rassemblaient sans cesse;
> Et tandis que, bercé par cette douce erreur,
> Je vous écris, je sens que mon bonheur
> Est presque égal à ma tendresse.

Il faut cependant renoncer à ces douces illusions, pour vous parler d'une science que vous brûlez d'apprendre, et qui est bien faite pour vous charmer.

S'il n'existait sur le globe que quelques insectes, on pourrait sans doute, par de bonnes descriptions, parvenir à les distinguer entre eux; mais aujourd'hui, que selon la prévision du judicieux Linné, le nombre de ces animaux surpasse celui des plantes de toute espèce qui végètent sur la terre, comment reconnaître, par ce seul moyen, celui qui tomberait sous la main? comment le séparer de ses congénères dans une classe si nombreuse, et dont les espèces diffèrent souvent entre elles par des nuances si légères? Cette faculté, vous le sentez, est au dessus de la puissance humaine. On a donc été obligé, pour soulager notre intelligence et faciliter l'étude de ces êtres intéressans, de créer des méthodes, d'établir des divisions, qui peut-être n'existent pas toujours dans la nature, mais qui, semblables au fil d'Ariane, sont indispensables pour dégager notre esprit d'un labyrinthe, d'où il ne pourrait sortir sans ce secours.

Ainsi nous partagerons les insectes en plusieurs *ordres*, fondés sur les différences que présentent

leurs ailes; jetez, s'il vous plait, les yeux sur le tableau analytique que je joins ici, et vous aurez de
suite la clef de toute la science.

INSECTES.					
Ailés.	Quatre ailes.	De consistance inégale; Bouche	À mâchoires.	Ailes supérieures crustacées; les inférieures pliées en travers. .	COLÉOPTÈRES.
				Ailes supérieures coriaces; les inférieures pliées en long. . . .	ORTHOPTÈRES.
				Formant un bec; ailes supérieures souvent coriaces à leur base, membraneuses à l'extrémité	HÉMIPTÈRES.
		De même consistance.	Nues.	À nervures semblables à un réseau.	NÉVROPTÈRES.
				À nervures moins nombreuses semblables à des veines.	HYMÉNOPTÈRES.
			Recouvertes d'écailles semblables à une poussière colorée	LÉPIDOPTÈRES.
	Deux ailes toujours membraneuses; jamais de mâchoires				DIPTÈRES
Sans ailes					APTÈRES.

Voici les coupes fondamentales sur lesquelles repose l'Entomologie : vous voyez qu'elles sont bien
faciles à saisir. Je suppose qu'un Hanneton vous
tombe sous la main, et que vous cherchiez dans
quel ordre il faudra le placer; ses quatre ailes de
consistance inégale, sa bouche munie de mâchoires,
ses étuis crustacés, vous indiqueront, sans peine,
qu'il doit être consigné parmi les Coléoptères. Ce
n'est pas cependant que les règles que j'ai posées,

soient toujours aussi faciles à suivre ou n'offrent point d'exceptions : nous trouverons quelquefois des insectes, tels que les Cochenilles, dont l'un des sexes est privé des organes du vol, et qu'on ne pourrait néanmoins ranger parmi les Aptères, sans blesser les lois de la nature ; mais un peu d'habitude et l'analogie qui les rapproche des autres individus de la même espèce ou du même genre, lèveront bientôt tous vos doutes, et vous indiqueront la catégorie dans laquelle ils doivent figurer.

Après les divisions principales que je vous ai fait connaître, nous suivrons de nouvelles ramifications, pour arriver graduellement aux sections et aux familles de ces petits animaux ; mais auparavant, je vous dirai quelques mots sur ceux qui composent la première série, c'est-à-dire, sur les Coléoptères, [1] dont je vous prie de retenir le nom, assez difficile, en vous demandant toutefois pardon, d'être obligé de vous forcer à graver du grec dans votre mémoire. N'êtes-vous pas tentée de me demander si notre langue n'est pas assez riche pour exprimer toutes nos pensées, qu'on voit aujourd'hui l'idiome d'Homère et d'Anacréon avoir le privilége exclusif de briller dans nos termes nouveaux, sous un petit air français ? Personne assurément n'a jamais eu cette idée, puisque la dénomination de *Coléoptères*,

---

[1] Κολεὸς, étui; πτερὸν, aile.

revient à celle d'*insectes à étui*, comme je vous l'ai dit quelque part ; mais nos savans, persuadés qu'il faut, autant que possible, embrouiller une science par des termes inusités, pour la rendre profonde à force d'obscurité, ont assez enrichi celle-ci pour la mettre hors de la portée du vulgaire.

> Peut-être aussi, par cet heureux moyen,
>   Veulent-ils empêcher aux femmes
> D'empiéter sur leur fonds : hélas je le crois bien ;
>   Vous l'emportez déjà, mesdames,
>   Par les charmes de l'entretien,
>   Par le goût, la douce éloquence ;
>   Usurpez encore la science,
>   Il ne nous restera plus rien.

Malgré cela, je vais tâcher de vous initier dans leurs secrets. Le caractère principal des insectes du premier ordre, est donc d'être cuirassés de ces élytres[1] ou étuis écailleux, qui presque toujours se réunissent l'un contre l'autre par une suture étroite. Nous les reconnaîtrons principalement à ces marques distinctives ; car souvent nous chercherions en vain les ailes de dessous chez plusieurs de ceux qui furent destinés à vivre parmi les pierres, ou à se cacher dans les lieux obscurs, tels que les Carabes et les Ténébrions. Vous sentez que la nature n'avait pas besoin d'accorder les organes du vol à des êtres à qui cet avantage aurait été inutile ; mais vous ne

---

[1] Ἔλυτρον, étui.

pourrez voir sans admiration le soin qu'elle a eu de souder souvent alors à leur ligne de réunion, les deux enveloppes supérieures, de manière à en former une cuirasse solide qui protège le dos de ces petits animaux. D'autrefois, comme chez les agiles Staphylins, les élytres n'atteignent pas la moitié de la longueur du ventre; mais malgré ce raccourcissement, ces pièces offrent le même type qui distingue tous leurs analogues, et servent de même à cacher les véritables ailes que l'insecte sait admirablement replier sous ces gaînes, faites pour les défendre.

A l'armure pesante qui couvre ces petits animaux, vous devez juger que la terre doit être leur domaine; plusieurs, en effet, ne peuvent se servir de leurs ailes lorsque l'air n'est pas calme, et même les plus favorisés n'ont point assez de force pour lutter contre les vents, dès qu'ils soufflent avec un peu de violence.

Les Coléoptères pondent tous des œufs, d'où sortent des espèces de vers, mous, munis ordinairement de six pieds écailleux; mais quelquefois apodes ou n'ayant que des mamelons. La plupart de ces larves, armées de mâchoires, acquièrent souvent un développement rapide, proportionné à leur appétit vorace; d'autres cependant, telles que celle du Hanneton, traînent pendant plusieurs années leur nuisible existence. Parvenues à l'état de nymphes, elles semblent quelque temps expier leurs crimes, par le jeûne et le repos le plus absolu ; mais elles ont à peine acquis leur dernière forme, qu'elles recommencent souvent de nouveau leurs ravages et leurs déprédations.

Je vous ai déjà prévenue que les articulations que présentent les tarses des insectes, nous offriraient des moyens excellens de les partager en nouvelles catégories ; nous allons donc, avec leur aide, ranger des êtres de la série nombreuse qui nous occupe dans diverses sections, qui tireront leur nom du nombre des phalanges dont leur pied se trouve composé.

SECTIONS.

1^e	5 articles à tous les tarses.	les PENTAMÉRÉS.
2^e	5 articles aux pattes antérieures et quatre seulement aux postérieures.	les HÉTÉROMÉRÉS.
3^e	4 articles à tous les tarses.	les TÉTRAMÉRÉS.
4^e	3 articles à tous les tarses.	les TRIMÉRÉS.

Vous voyez qu'il n'existe point de différence dans le nombre des phalanges des deux premières paires de pattes ; vous pourrez donc, lorsqu'il s'agira de constater les articles de ces pièces, vous borner à reconnaître avec exactitude ceux des postérieures, toutes les fois qu'elles en présenteront plus ou moins de quatre.

Des divisions que nous venons de former, partiront encore divers rameaux qui nous conduiront par une marche facile à la connaissance des familles des insectes. Je joins ci-après le tableau qui doit vous servir de guide, et qu'il vous suffira de consulter pour être aussi habile que votre maître.

Adieu, Julie; c'est assez, c'est peut-être trop de science dans un jour; mais il était indispensable de vous donner ce thème à étudier. Dorénavant, je vous ferai parcourir des sentiers moins pénibles.

> De nos prés foulant la verdure,
> Nous irons contempler aux champs
> Les spectacles intéressans
> Que nous présente la nature.
> Nous verrons l'insecte léger
> Paré des couleurs les plus belles,
> Se jouer près des fleurs nouvelles
> Où sans cesse il vient voltiger;
> Nous le suivrons sous la feuillée;
> Nous admirerons ses travaux,
> Et vous serez émerveillée
> De l'instinct de ces animaux.
> Pour nous, tout sera jouissance,
> Enchantement, charmes nouveaux :
> Captivé par votre présence
> Le temps perdra sa diligence,
> Le plaisir sa légèreté
> Et le bonheur son inconstance.
> Si dans ce trajet enchanté
> Nous trouvons sur notre passage
> Les jeunes pasteurs de notre âge,
> Sous ces chênes, vainqueurs des ans,
> Où la gaîté chaque printemps
> Préside aux fêtes du village;
> Tandis que vous admirerez
> Le maintien modeste et l'air sage
> Des fillettes du voisinage;
> Tandis que vous observerez
> Et la beauté de leur visage,
> Et leurs grâces et leur fraîcheur,
> Je repasserai dans mon cœur
> Tous les agrémens du voyage

PREMIER ORDRE.

LES COLÉOPTÈRES.

LES COLÉOPTÈRES[1].

Quatre ailes : les supérieures crustacées, les inférieures membraneuses, pliées en travers; bouche à mâchoires.

Ils ont deux antennes de formes très-variables, composées ordinairement de onze articles ; deux yeux à facettes, point d'yeux lisses ; une bouche formée d'un labre, de deux mandibules, de deux mâchoires portant chacune un ou deux palpes de quatre articles au plus ; d'une lèvre qui soutient deux antennules de trois articulations, et d'un menton.

Le segment antérieur du tronc qui porte le nom de corselet, surpasse de beaucoup les deux autres en étendue ; on remarque généralement entre les élytres et à leur origine, la petite pièce triangulaire que nous avons appelée écusson.

Le ventre, d'une consistance plus molle en dessus qu'en dessous, est toujours uni au tronc dans sa plus grande largeur ; il est composé de six à sept anneaux offrant chacun un stigmate de chaque côté.

La larve ressemble à un ver mou ; elle est pourvue d'une tête écailleuse, de mâchoires parfois très-fortes et le plus souvent de six pieds écailleux.

La nymphe est inactive et ne prend point de nourriture ; elle offre sous sa peau très-mince toutes les parties distinctes ne l'animal parfait.

Les Coléoptères sont les plus nombreux et des plus connus de la grande classe des insectes ; on les trouve presque partout ; leurs mœurs varient à l'infini.

---

[1] (Κολεὸς, étui; πτερὸν, aile.) *Linné, Geoffroy, de Géer, Olivier, MM. Cuvier, Latreille, Duméril, Lamarck, Dejean; les Éleuthérates de Fabricius; les Élytroptères de Clairville.*

DIVISION

DES

COLÉOPTÈRES PENTAMÉRÉS[1].

Tribus.

Antennes, { Terminées par une masse. { Divisée en feuillets, en lames ou en dents de peigne très-prononcées. **LAMELLICORNES.**

Globuleuse, solide ou perfoliée. **CLAVICORNES.**

En forme de fil ou de soie, de panache, etc., ne formant jamais une massue véritable, seulement quelquefois grossissant vers le bout. . . . . **FILICORNES.**

---

[1] Πεντα, cinq; μερος, division.

COLÉOPTÈRES PENTAMÉRÉS.

LAMELLICORNES[1].

Masse des antennes,

En forme de peigne ; ses feuillets, imitant des dents de roues de montre, écartés à leur insertion et perpendiculaires à l'axe qui les porte. . . . . les Lucanes.

Feuillets rapprochés à leur insertion comme ceux d'un livre, s'ouvrant et se fermant de même. . . . . les Scarabés.

Familles.

La tribu des Lamellicornes forme deux familles des plus naturelles de l'ordre des Coléoptères. Les insectes qui la composent se nourrissent de matières végétales.

---

[1] (*Lamella*, lame; *cornu*, corne.) MM. Latreille, Lamarck; cette tribu renferme les deux familles des *Priocères* (πρίων, scie ; κερας, corne) et des *Pétalocères* (πεταλον, feuille; κερας, corne) de M. Duméril.

Les Lucanes [*]

Massue des antennes en forme de peigne, ses feuillets, imitant des dents de roues de montre, écartés à leur insertion et perpendiculaires à l'axe qui les porte.

Caractères. Antennes de dix articles, les trois à cinq derniers formant la massue. — Mandibules des mâles prolongées quelquefois en forme de cornes. — Bouche munie de quatre palpes. — Corps convexe ou déprimé. —Articles des tarses toujours entiers.

Les larves ressemblent à un ver blanchâtre, hexapode ; leur corps a douze anneaux, et l'extrémité de leur ventre plus grosse et plus épaisse se tient repliée en dessous. Elles vivent plusieurs années.

---

[*] Lucane, *lucanus* ; Scopoli. Pline avait également employé ce mot pour désigner ces insectes.

Étymologie. (*Lucana*, bœuf.) Leurs mandibules corniformes les ayant fait comparer à des taureaux.

Tribu des Lucanides de M. Latreille.

Famille des Priocères ou Serricornes de M. Duméril, et des *Lucanides* de M. de Lamarck.

Lettre Douzième.

LES LUCANES.

Quoi! le langage des savans
A su vous charmer et vous plaire!
Leur méthode vous semble claire,
Et leurs systèmes séduisans;
Leur style inconnu du vulgaire,
Leurs termes rudes et nouveaux
N'ont point rebuté vos oreilles,
Et vous ne songez qu'aux merveilles
Que nous annoncent leurs travaux!

En vérité, votre zèle est si remarquable, que je dois donner tous mes soins à vous favoriser l'étude d'une science qui a su vous enchanter. Pour y réussir, je me suis proposé de faire pour vous quelques excursions, afin de vous envoyer (si le hasard me favorise) au moins un échantillon de chaque famille dont je vous entretiendrai.

Dès hier au soir, armé de mon filet de gaze, je suivais la lisière d'un bois voisin, pour tâcher d'attraper à la clarté douteuse du crépuscule, quelques-uns de ces insectes à étui qui sortent de leur retraite à l'approche des ténèbres ; le bourdonnement qu'ils font entendre, les décèle de loin, et leur vol brusque qui ne leur permet qu'avec peine de s'écarter de la route où les emporte leur mouvement, les fait tomber souvent dans les piéges que leur tend l'amateur.

Vous avez devant les yeux le malheureux qui a été victime de ma ruse ; mais il s'agit de trouver à quelle famille il appartient, voyons : examinez ses petites pattes et comptez avec attention de combien d'articles son pied se trouve composé ; un, deux, trois, quatre, cinq !... En effet, il en a cinq à tous les tarses ; il doit être rangé parmi les Pentamérés. Maintenant, consultez ses antennes : leur massue en feuillets vous indiquera qu'il appartient aux Lamellicornes. Enfin si vous remarquez que ces feuillets loin de se plier comme ceux d'un livre, sont comme les dents d'une roue de montre, écartés à leur insertion, vous serez convaincue qu'il doit faire partie de la famille des Lucanes. Il ne vous restera qu'à suivre dans les livres classiques des savans, les descriptions des diverses espèces qu'elle renferme, pour reconnaître facilement le petit animal qui est en votre pouvoir.

Ainsi, avec un peu de soins, vous serez bientôt parvenue à distinguer entre tous les insectes, le *Lucane* nommé *Cerf-Volant*, par la ressemblance qu'ont ses mandibules allongées avec le bois d'un cerf. Ces pièces corniformes, qui lui ont mérité la dénomination qu'il a reçue, ne sont l'apanage que d'un petit nombre d'espèces, encore la nature, par une préférence remarquable, n'en a-t-elle orné que la tête masculine.

Gardez-vous, Julie, de confier vos doigts à ces tenailles robustes, car la force de cet animal est telle pour sa petite taille, qu'au rapport de Linné, l'éléphant serait capable d'ébranler les montagnes, s'il était avantagé en proportion de cet insecte. Il fait jouer ces espèces de serres lorsqu'il est inquiété; mais il est loin de chercher à nuire en toute autre circonstance; il se laisse même apprivoiser et réduire à un esclavage volontaire. Swamerdam en avait un qui le suivait comme un chien lorsqu'il mettait du miel à sa portée. Dans l'état de liberté, ils se tiennent accrochés pendant le jour aux troncs des arbres avec lesquels ils semblent se confondre par la couleur noirâtre de leur robe; ils introduisent dans les crevasses leurs mâchoires en forme de houppe et s'abreuvent avec délices de la liqueur sucrée qui suinte des végétaux. Il paraît néanmoins qu'ils dévorent la verdure, car on peut les conserver long-temps en vie en leur fournissant des feuilles de chêne. La femelle du Lucane Cerf-Volant, que tout le monde connaît sous le nom de Biche, parce qu'elle est privée des ornemens inutiles qui servent de parure au mâle, est animée de cette tendresse qui porte les plus faibles créatures à la conser-

vation de leur race. Pleine des soins maternels qui
l'agitent lorsque l'époque de sa ponte est arrivée, elle
vole le soir pour chercher un lieu favorable à ses desseins; et, par une remarque que j'ai faite et qui décèle
un tact exquis, c'est presque toujours à la plante qui
tombe sous le poids des ans, qu'elle confie les germes des vers dévorans qui ne doivent naître que
pour en accélérer la destruction. Les végétaux seraient-ils donc comme les hommes, atteints de
plus d'infirmités à mesure qu'ils approchent de la
vieillesse! Tout concourt-il aussi à les accabler lorsque les principes de leur vie s'éteignent, et que la
vigueur les abandonne !

Cachées dans les labyrinthes qu'elles se pratiquent
au sein des arbres, ces larves ne sont guère connues
aujourd'hui que des savans : leur nom ne figure plus
dans les recueils gastronomiques des gourmets de
nos jours; leur absence ne fait point le désespoir
des disciples de Vatel; mais au temps des Romains
qui les connaissaient sous le nom de Cossus [1], elles
étaient recherchées comme un morceau délicat et disputaient aux mets les plus exquis l'honneur de bril-

---

1 Pline, *Hist. nat.*, liv. 17, ch. 24. Olivier pense que le Cossus des anciens
doit être la larve du *Capricorne héros*, qui se trouve en Italie avec plus d'abon-
dance. Selon Linné, ce serait la chenille du *Cossus gâte-bois* (Godard), et
d'après Geoffroy, le ver du *Charançon palmiste* (*Calandra palmarum*, Latreille); mais l'odeur désagréable de l'une et le séjour de l'autre qui ne se
trouve qu'en Amérique, rendent peu probables ces deux dernières conjectures.

ler sur les tables de Lucullus. La faveur dont elles jouissaient est passée avec les peuples à qui elles étaient chères; elles sont oubliées comme les nymphes des Cigales [1] dont les Grecs faisaient leurs délices : peut-être la difficulté de se les procurer est-elle la cause de l'abandon dans lequel on les laisse ; cependant il faut croire qu'après avoir été engraissées avec de la farine, leur chair devait n'être pas sans mérite, puisqu'elle plaisait au goût de ces vainqueurs célèbres, qui sacrifiaient chaque jour au dieu de la bonne chère dans de longs et somptueux repas.

> C'est là, que maîtres du monde,
> Ils déposaient leurs grandeurs,
> Et s'enivraient des douceurs
> D'une volupté profonde :
> C'est là, que les gais propos
> Animaient les ris aimables
> Et bannissaient de leurs tables
> Et Morphée et ses pavots ;
> C'est là, qu'auprès de Mécène,
> Protecteur des beaux esprits ,
> Horace et Virgile assis ,
> Puisaient dans leur coupe pleine
> Du Falerne savoureux,
> Bien plus que dans l'Hippocrène
> L'esprit qu'on admire en eux.

Les larves des Lucanes après avoir vécu près de six ans du tronc des arbres vermoulus , se construisent une coque solide de la forme d'un œuf, se chan-

---

[1] Aristote , *Histoire des animaux*, liv. v , ch. 30.

gent en nymphes dans cette cellule, et demeurent inactives sous cette forme, jusqu'à leur transformation en insectes parfaits.

On connaît plusieurs espèces de ces animaux, parmi lesquelles quelques-unes se font remarquer par la beauté de leurs couleurs : leurs habitudes sont les mêmes. Adieu, Julie :

> Si mon travail vous intéresse,
> Si pour vous il a quelque prix,
> Daignez accorder un souris
> Aux soins légers de ma tendresse,
> Et tous mes vœux seront remplis.

Les Scarabées[1]

*Massue des antennes en forme de feuillets rapprochés à leur inser-
tion comme ceux d'un livre, s'ouvrant et se fermant de même.*

Caractères. Antennes de huit à onze articles. — Chaperon
ordinairement avancé, quelquefois fendu ou dentelé. — Front et
corselet parfois armés de cornes ou tubercules. — Bouche variable.
— Corps généralement ovale, convexe. — Jambes antérieures
dentées. — Articles des tarses entiers.

Larves. Corps long, mou, blanchâtre, recourbé en dessous,
muni d'une tête et de six pattes écailleuses, et de mandibules
fortes et robustes.

Ces insectes vivent principalement de matières végétales,
fraîches ou décomposées.

---

1 Scarabée, *Scarabæus*; Linné. (Σκάραϐος, Κάραϐος ou Κάνθαρος,
chez les Grecs); ils forment la famille des Scarabéides de MM. Latreille et
Lamarck; de celle des Pétalocères de M. Duméril.

Lettre Treizième.

LES SCARABÉES.

Recevez, je vous prie, avec respect la boîte dans laquelle je vous envoie quelques insectes : j'y ai enfermé une petite divinité des Anciens. Ne vous effrayez cependant pas à la vue de cette idole :

> Ce n'est pas ce fripon, maître des autres dieux,
> Que jadis guidait la folie,
> Et qu'on voit aujourd'hui sur vos traces, Julie,
> Étendre chaque jour son empire en tous lieux.

Celui dont je vous parle est loin de lui ressembler.

> Mais s'il n'a pas autant de charmes,
> S'il n'est pas aussi séduisant,
> C'est un dieu doux et bienfaisant
> Qui ne fit point couler de larmes.

Ceci vous paraîtra sans doute extraordinaire, si je

vous dis qu'il est comme l'Amour pourvu de quatre ailes, qui doivent le rendre inconstant et volage. Il y a de quoi mettre votre esprit à la torture : il me semble même deviner votre embarras, et voir vos regards chercher avec inquiétude cet être invisible ; mais si j'ajoute qu'il fut adoré d'un peuple entier qui multiplia son image sur les colonnes de ses temples, sur ses monumens publics, et la fit entrer dans l'écriture mystérieuse de ses prêtres, vous vous rappellerez probablement l'histoire des Égyptiens, et vous reconnaîtrez le Scarabée qui faisait partie de leur culte religieux [1].

Vous voyez toute la différence qui existe entre l'enfant de Paphos et ce faible insecte ; tandis que l'un voit encore l'encens fumer sur ses autels et son culte heureux promettre de se perpétuer dans tous les siècles, l'autre est relégué dans l'oubli, aux lieux mêmes qui furent les témoins de son apothéose, et ne doit qu'aux naturalistes l'honneur de faire parler encore de lui dans le monde. Ces gens là qui furètent partout et à qui il n'a pu échapper, lui ont trouvé tous les caractères qui distinguent les Scarabées, et ils l'ont placé dans cette famille nombreuse où il figure sous le nom de *sacré* qui rappelle les temps les plus glorieux de son existence.

---

1 *Voyez* le grand ouvrage sur l'Égypte. — *Explication des hiéroglyphes*, publiée en grec et en latin, 1727. — *Des insectes peints ou sculptés sur les monumens antiques de l'Égypte*, par M. Latreille, *Mémoires du muséum d'hist. nat.*, tom. 5, p. 249 *et suiv.* — *L'antiquité expliquée*, etc.

Mais s'il ne reçoit plus les tributs de nos hommages, il nous fournit, ainsi que ses semblables, l'occasion de les adresser à cette providence éternelle qui le créa pour notre bonheur. Comment voir en effet sans reconnaissance cette foule d'insectes qui sans cesse travaillent à détruire les matières végétales corrompues, les substances animales qui se décomposent? Comment méconnaître les services que nous rendent ces petits vidangeurs créés pour purger le globe des immondices qui souillent sa surface, et qui infectent l'air de leurs miasmes dangereux ? Touchés de cette prévoyance de la Nature, les peuples des pays méridionaux où tout se putréfie plus rapidement, voulurent reconnaître publiquement ce qu'ils devaient à ces petits animaux.

> L'Égypte rendit son hommage
> A cet insecte bienfaiteur,
> Et ne connaissant point l'auteur,
> Offrit le culte à son ouvrage.

Si vous faites attention à la structure particulière des Scarabées, vous les verrez munis de pattes fortes et dentées en avant, dont ils se servent comme de pelles pour fouir la terre et rompre les obstacles qui s'opposent à leurs efforts. Plusieurs ont en outre la tête et le corselet armés de cornes et de dentelures qui leur aident encore à se frayer un passage dans la fiente des bestiaux et les autres matières où ils font leur séjour. C'est-là que quelques-uns déposent leurs œufs et que vivent leurs larves ; mais d'autres en forment des petites boules semblables à des pilules, les font rouler avec leurs pattes pour les arrondir et leur donner plus de consistance, et les conduisent ainsi jusqu'au trou qu'ils ont creusé à l'avance pour les cacher. Vous devinez que dans chacun de ces globules sera déposé un germe d'où éclora une larve qui trouvera en naissant une nourriture appropriée à ses besoins et à ses goûts. Le génie de l'homme irait-il plus loin ? Le travail de ces animaux, tout admirable qu'il est en lui-même, offre encore des particularités remarquables à celui qui jouit de ce spectacle.

> Tandis qu'à son ouvrage adonné sans relâche,
> Un Bousier diligent s'occupe de sa tâche,
> Souvent par un faux pas, en chemin arrêté,
> Il roule… et son fardeau fuit d'un autre côté ;
> Malheur alors pour lui, si dans cette culbute,
> Il lui faut trop de temps pour réparer sa chute :
> Un voisin qui le voit, dans l'herbe embarrassé,
> Profite du moment, accourt d'un pas pressé,
> Et larron effronté hérite, sans scrupule,
> Des soins qu'il avait mis à former sa pilule ;
> Car le lourdaud enfin, sur ses pieds redressé,
> L'abandonne sans bruit à qui l'a devancé,
> Et sans doute honteux de son mauvais voyage,
> Retourne à nouveaux frais bâtir un autre ouvrage.

Dès que la petite boule a été conduite dans le trou, le mâle qui se pique d'une fidélité qui ferait rougir nos maris de cour, y accompagne aussitôt sa femelle, lui aide en tenant la pilule entre ses jambes à y déposer ses œufs, et lui prodigue tous ces soins minutieux et ces attentions délicates qui ne sont connus que dans les ménages qu'habite l'heureuse médiocrité.

Quelques Scarabées, tels que le *Stercoraire*, fournissent aux habitans des campagnes des remarques météorologiques qui les trompent rarement; suivant leurs observations.

> Lorsque vous verrez au déclin
> D'un jour et tranquille et serein,
> Cet insecte voler encore,
> Vous pourrez pour le lendemain
> Compter sur une belle aurore.

Par une de ces lois de la nature qui décèlent la bonté d'un Dieu, ces insectes qui nous sont les plus utiles en consommant les débris des matières végétales corrompues, sont presque tous revêtus d'une couleur obscure, qui s'accorde avec les lieux qu'ils fréquentent, et les rend moins visibles à leurs ennemis; tandis qu'une robe plus claire, quelquefois même brillante, a été donnée à ceux qui ne semblent créés que pour nuire à nos récoltes et à nos propriétés : tel est le *Hanneton*. Ce Scarabée si répandu vit plusieurs années sous la forme d'un gros ver blanc, se nourrit pendant ce temps des racines des plantes céréales, et commet quelquefois tant de dégats, qu'il a occasioné une disette générale. Accusées de ce crime capital, les larves de cette espèce furent citées en 1479 devant le tribunal ecclésiastique de Lausanne. On leur donna un avocat de Fribourg; mais soit que l'orateur ne soutint pas leur cause avec assez de talent, soit qu'il ne put les disculper des torts graves qu'on leur reprochait, les magistrats, après mûre délibération, les bannirent formellement [1].

> Mais en dépit de la cohorte
> Des huissiers et gens de la sorte,
> Exécuteurs des jugemens,
> Les Hannetons, chaque printemps,
> Reviennent peupler nos bocages,
> S'y livrer à leurs doux penchans,
> A leurs goûts légers et volages;
> Mais toujours aussi malfaisans,
> Dévorer les jeunes feuillages
> De nos arbres reverdissans,
> Et dans nos jardins et nos champs,
> Avant leur mort laisser les gages
> Du retour de leurs descendans.

Les larves des Hannetons, connues dans plusieurs pays sous le nom de *Mans*, parvenues à la grosseur qu'elles doivent atteindre, s'enfoncent à un pied et demi ou deux, se construisent une cellule tapissée de quelques fils de soie entrelacés à leurs excrémens, se changent en nymphes dans cette espèce de tombeau qu'elles quittent dès le mois de février pour regagner peu à peu la surface de la terre sous la forme encore molle d'insecte parfait. Ces animaux alors, durant

---

[1] Mich. STETTLERS. *Chronique de la Suisse*, p. 278.

le jour se tiennent accrochés aux feuilles, et y restent plongés dans une espèce de sommeil; mais dès que le soir approche, ils s'élèvent dans les airs, parcourent nos bosquets d'un vol lourd et bruyant dont ils peuvent si difficilement diriger les mouvemens, qu'ils heurtent souvent les objets placés sur leur passage. Aussi dit-on en France d'après cette remarque : *Étourdi comme un Hanneton.* Dans la dernière phase de leur existence, ils ne vivent guère plus d'une semaine, en partie consacrée à leurs amours; mais ce peu de temps est assez long pour leur permettre quelquefois par leur nombre de dépouiller complètement la verdure de nos arbres. En 1574, il en parut sur les côtes occidentales de l'Angleterre une quantité si extraordinaire, que ceux qui tombèrent dans la rivière de Saverne embarrassèrent les roues des moulins [1]. En 1688, dans le comté de Galway, en Irlande, ils se montrèrent si multipliés, que l'air en était obscurci l'espace d'une lieue, et que les gens de la campagne avaient de la peine à se frayer un chemin [2].

On a publié divers moyens pour les détruire : le meilleur serait peut-être, ainsi que le conseillait l'abbé Rozier [3], de faire pendant plusieurs années des battues générales, pour les exterminer au mo-

---

1 *Transactions philosophiques.*

2 *Animaux célèbres*, article Hanneton.

3 *Dictionnaire d'agriculture.*

ment où ils paraissent sous leur dernier état. La providence leur a suscité, pour aider à nous en délivrer, une foule d'ennemis qui leur font une guerre active. Nos oiseaux domestiques les mettent en pièces pour s'en engraisser; les Rats, les Belettes, les Fouines vont les surprendre sur les branches où ils reposent; les Chouettes, les Hiboux, les Engoulevens, les arrêtent dans leur vol pendant les ténèbres; tandis qu'une espèce de Carabe épie la femelle au moment où elle s'enterre pour pondre ses œufs et détruit en la déchirant une génération toute entière. Enfin non moins ardens à leur perte, les enfans, à l'aide d'un fil, leur font encore comme au siècle de Périclès[1], payer par l'esclavage, et souvent par une longue et douloureuse agonie, une partie du mal qu'ils nous font.

On trouve encore en fouillant dans le sol de nos bois et de nos champs, des larves d'autres Scarabées tels que les *Cétoines*, qui ne méritent point la haine que nous portons à celles des Hannetons. Plus modestes dans leurs goûts, ces dernières se contentent du terreau gras et humide, principalement de celui qui se trouve sous les monticules qu'élèvent les fourmis; et, chose singulière, ces Amazones guerrières qui, comme les compagnes d'Oronthée, donnent impitoyablement la mort à tous les malheureux qui approchent des lieux qu'elles habitent,

---

[1] Aristophane, *Coméd. des Nuées*, v. 761.

souffrent volontiers ces étrangères dans leur voisinage. Ces larves qui semblent privées de la vue, avantage qui leur serait inutile dans le séjour obscur où elles se fixent, se forment avec de la terre, au moment de leur transformation, une coque unie en dedans et qui acquiert la solidité du mortier. Pourvues d'ailes à la sortie de ce sépulcre, et revêtues de vêtemens magnifiques qui offrent la couleur du bronze, le brillant de l'argent, ou l'éclat somptueux de l'or, on les voit, sous les feux du soleil du midi, voler en bourdonnant dans nos jardins, s'abattre sur les cimes du sureau, se reposer sur les corymbes des spirées, ou sucer le nectar délicieux qui découle du sein parfumé des roses.

En Allemagne, la superstition populaire rend ces insectes chers à plusieurs personnes qui les gardent soigneusement dans des boîtes, espérant, par ce moyen, conserver ou accroître leur bonheur[1]. Malgré ce préjugé, je me défais volontiers en votre faveur, d'un joli échantillon que je nourris par plaisir, depuis près de deux ans, avec des croûtes de pain trempées dans de l'eau. Adieu :

> Je porte envie au sort si doux,
> Qui l'attend dans son esclavage;
> Il va vivre dans un servage
> Dont bien d'autres seraient jaloux.
> Les attentions prévenantes,

---

[1] *Récréations tirées de l'Hist. nat.* trad. de l'allemand.

Les soins délicats et constans
Que lui vont, à tous les instans,
Prodiguer vos mains caressantes,
Le bien-être charmant qui l'attend près de vous,
Lui feront oublier ses peines,
Et, je le sens, chacun de nous
Voudrait, à pareil prix, se charger de ses chaînes.

COLÉOPTÈRES PENTAMÉRÉS.

CLAVICORNES [1].

Familles.

Corps,

— Ovale, elliptique ou oblong : antennes

    Hémisphérique, palpes presque aussi longs que les antennes . . . . les SPHÉRIDIES.

    Coudées dans leur milieu; corps presque carré . . . . les ESCARBOTS.

— Droites.

    Pieds totalement ou en grande partie contractiles. . . . . les BYRRHES.

    Pieds saillans ou dans la contraction ne s'appliquant pas sur les côtés de la poitrine.

        Antennes libres, plus longues que les palpes ou la tête.

            Corcelet sans rebords; élytres couvrant toujours le ventre. . les DERMESTES.

            Élytres ordinairement tronquées et souvent bordées ainsi que le corselet . . . . . les BOUCLIERS.

        Antennes logées sous les bords de la tête, ordinairement plus courtes que les palpes ou la tête.

            Antennes en fuseau

                Pieds marcheurs. . les PARNES.

                Pieds nageurs, les GYRINS.

            Antennes à massue distincte, les HYDROPHILES.

---

1 Clavicorne, (*clavis*, clou; *cornu*, corne). MM. Latreille, Lamarck comprennent les Hélocères (ηλος, clou; χερας, corne), et les Stéréocères (ςτερος, solide; χερας, corne) de M. Duméril.

Les Sphéridies *

Corps hémisphérique; palpes presque aussi longs que les antennes.

Caractères. Antennes droites de neuf articles, plus courtes que le corselet, les trois derniers formant une massue perfoliée. — Corps hémisphérique, aplati en dessous. — Jambes de devant épineuses. — Articles des tarses distincts, le premier aussi long que le second.

On les trouve principalement dans les matières stercoraires ou fimétaires; quelques-uns cependant se cachent dans les caries des arbres.

---

* Sphéridie, *Sphæridium*, Fabricius. (Σφαιριδιον, en forme de sphère.) Ils composent la tribu des Sphéridiotes de la famille des Palpicornes de M. Latreille; font partie des Hydrophiliens de M. Lamarck et des Hélocères de M. Duméril.

Lettre Quatorzième.

LES SPHÉRIDIES.

Que faites-vous au sein des villes ,
Quand tout s'embellit dans nos champs?
Lorsque Zéphyre et le printemps ,
De nos vallons en deuil éloignent les autans ,
Et rendent à nos bois leurs feuillages mobiles ,
Pourquoi ne point venir sous ces dômes tranquilles
Partager nos plaisirs et nos jeux renaissans ?...
Qui vous retient encor ? De ses plus doux présens
Flore a décoré nos montagnes ,
Et de retour dans nos campagnes ,
A l'envi déjà mille oiseaux ,
Pour charmer leurs douces compagnes ,
Retrouvent leurs concerts et leurs champs les plus beaux.

Combien de fois aux accords de leur douce symphonie , ne suis-je point venu sur ce gazon, méditer les leçons que ma plume allait vous tracer ! Combien de fois, dans ces heures délicieuses, ne m'as-tu point captivé , tendre Rossignol , qui , voyageur fidèle, reviens chaque année placer le berceau de ta famille sur les syringas qui ornent mon jardin ! Si mainte fois j'ai dû à tes chansons des émotions vives et profondes, tu me procures aujourd'hui la jouissance la plus douce, celle d'écrire à celle qui m'est chère.

Je m'étais glissé dans une charmille, sur laquelle depuis quelques minutes un de ces chantres mélodieux préludait à sa romance plaintive ;

> Cet aimable oiseau, dans ses chants,
> Songeait sans doute à son amie;
> Moi, je rêvais à vous, Julie,
> Nous avions même passe-temps.

Immobile au dessous de lui, les yeux fixés sur la branche ou Zéphyre le berçait, j'admirais avec quelle flexibilité il tirait de son gosier des sons si purs et si enchanteurs ; lorsque tout-à-coup ses accens devenus moins vifs, cessèrent de se faire entendre ; il tourna la tête en l'inclinant, et son regard abaissé vers la terre, semblait s'arrêter sur moi avec inquiétude : j'aurais voulu le rassurer.

> Être charmant, lui disais-je en moi-même,
> Ne tremble pas dans ce champ paternel;
> Comme toi je soupire et j'aime:
> Un cœur aimant fut-il jamais cruel ?

Mais, voyez un peu, Julie où, nous égare l'amour-propre ! tandis que je me désolais en secret d'effrayer ce volatile, il ne m'avait probablement pas aperçu. Le clairvoyant animal guettait un insecte qui allait trottant sur le sol, et cet objet, sans doute, captivait toute son attention ; car lorsque ce musicien emplumé déployant ses ailes comme un parachute, descendit le bec entr'ouvert pour saisir le malheureux, un mouvement involontaire de mon corps me décela et fit remonter vers les cieux l'oiseau déçu, en me laissant maître de la proie sur laquelle il comptait. Je m'approchai aussitôt de l'insecte voyageur, qui échappé à un danger qu'il avait ignoré, n'en poursuivait pas sa route avec moins de tranquillité : je comptai les cinq articles qui composaient ses tarses ; j'observai ses antennes en forme de clou et son corps hémisphérique, et d'après ces caractères qui distinguent les êtres de cette famille, je reconnus aussitôt le Sphéridie *Scarabéoïde*, aux quatre taches rougeâtres qui brillaient sur ses étuis de jais.

On trouve fréquemment ces petits animaux dans les lieux chéris de Palès et des Napées ; compagnons des Scarabées bousiers dont ils ont les mœurs et les habitudes, ils se traînent à la suite des bestiaux dont les fientes leur servent de nourriture. Sitôt que la brise légère transporte au loin l'odeur peu suave de ces matières dégoûtantes, des légions de Sphéridies rivalisent d'ardeur avec d'autres Coléoptères pour faire disparaître des lieux où l'homme doit porter ses pas, des objets dont sa vue ou son odorat ne seraient point flattés. Vous devinez que de ce bienfait qu'ils nous procurent, il découle pour nous d'autres faveurs : en recherchant de tels alimens, en se cachant dans ces retraites immondes, ils fouillent la terre, entraînent dans son sein, pour y déposer leurs œufs, une partie de ces débris féconds, et facilitent aux pluies les moyens de faire parvenir jusqu'aux racines des plantes ces engrais précieux, ces sucs réparateurs, qui donnent aux végétaux une nouvelle vie, et remplissent de fleurs la corbeille du printemps, et de fruits les paniers de l'automne.

Pour maintenir cependant dans une juste proportion, dans un équilibre convenable ces races pullulentes, les vents du midi nous ramènent, chaque année, une foule de musiciens ailés qui animent nos bois de leurs chansons légères, et délivrent nos champs des insectes trop nombreux.

Vous avez remarqué, Julie, dans les lettres charmantes d'un de nos concitoyens [1], combien sont admirables les harmonies qui existent entre les migrations des oiseaux, et l'époque où nos récoltes et nos propriétés réclament leurs secours.

> Aimé Martin, ce chantre aimable,
> Dont vous aimez les doux concerts,
> Nous montre les bienfaits divers
> Que répand la main adorable
> Qui protége cet univers ;
> Sans s'appuyer sur la science,

---

[1] *Lettres à Sophie*, sur la physique, la chimie et l'histoire naturelle, par M. Aimé Martin.

Il s'élève avec confiance
Aux pieds de la divinité,
Et nous fait voir dans sa bonté,
Des secrets précieux et rares,
Que les cieux, justement avares,
Cachaient à notre vanité.

Adieu, Julie : vous recevrez avec cette missive l'insecte qui en est le sujet. Sans doute, le Rossignol auquel je l'ai ravi, lui réservait un autre destin : peut-être fondait-il sur lui l'espoir d'un déjeûner; peut-être, ami complaisant, espérait-il le porter à sa compagne retenue sur son nid par les devoirs d'une prochaine maternité; acceptez-le néanmoins sans scrupule :

Si cet oiseau pensait l'offrir
A celle qui sait réunir
Grâces, voix brillante et jeunesse,
En vous le faisant parvenir,
C'est l'envoyer à son adresse.

Les Escarbots. [*]

Antennes coudées dans leur milieu; corps presque carré.

Caractères. Antennes terminées par une massue solide de trois articles. — Tête petite, souvent retirée sous le corselet dans une échancrure destinée à la recevoir. — Mandibules presque aussi longues que la tête. — Étuis tronqués, laissant souvent l'anus à découvert. — Corps plus ou moins carré, quelquefois très-aplati. — Jambes larges, comprimées et dentées. — Pieds contractiles, reçus, ainsi que les antennes, dans des rainures particulières.

Leurs habitudes approchent de celles des Sphéridies. Ils habitent principalement comme eux dans les fumiers, les substances cadavéreuses, les champignons en décomposition. Quelques-uns vivent sous les écorces.

---

[*] Escarbot, Geoffroy. (De χάραϐος, nom sous lequel les Grecs désignaient plusieurs insectes à étuis.) Hister; Linné (Ἵστηρ, de Ἵστεμι, arrêter, parce que l'insecte s'arrête et contrefait le mort.) Ils font partie de la famille des Clavicornes de MM. Latreille et Lamarck et de celle des Stéréocères de M. Duméril.

Lettre Quinzième.

—

LES ESCARBOTS.

Quel agrément précieux, Julie, que celui de confier au papier l'expression des sentimens dont notre ame est agitée!

> Ah! sans doute il aimait, celui dont le génie
> Inventa cet art enchanteur,
> Par lequel nous pouvons, au gré de notre envie,
> Même sous d'autres cieux apprendre à notre amie
> Tous les secrets de notre cœur!

C'est surtout depuis que j'ai pris l'engagement de vous instruire, que je sens dans les douceurs de ces entretiens, auxquels préside la science, tout le prix de ce moyen ingénieux de peindre la pensée.

> Lorsque guidé par les plaisirs
> Et par l'amitié qui m'inspire,
> Je dois passer à vous écrire
> Quelques momens de mes loisirs,

Mon esprit, long-temps à l'avance,
Rêvant à ce travail si doux ,
Invoque cette jouissance
Qui, par sa magique puissance,
Semble me rapprocher de vous :
Viens, dis-je , m'enchanter , art charmant que j'implore !
Loin de l'objet cher à mon cœur ,
J'avais cru perdre le bonheur !.....
Par toi, je le retrouve encore !

Mais je m'aperçois que j'oublie les obligations que j'ai contractées : je vais donc, pour remplir la tâche que je me suis imposée, vous entretenir d'une nouvelle famille d'insectes, de celle des Escarbots.

Il est inutile, je présume, de vous délayer ici les détails scientifiques renfermés dans le préambule qui précède cette lettre. Oui, sans doute, votre esprit est trop pénétrant pour n'avoir pas remarqué, que les antennes coudées forment un trait caractéristique, qui distingue de tous les autres Clavicornes ceux dont je vais vous esquisser les mœurs.

Vous rencontrerez dans les chemins ou vous trouverez cachés dans l'herbe ces petits animaux, qui habitent plus particulièrement les substances cadavéreuses et stercoraires. A l'exemple de la plupart des Scarabées, ils travaillent à dévorer les matières infectes qui pourraient nuire à l'homme, et offrent à l'observateur une preuve vivante de la sagesse éternelle qui veille à nos besoins ; quelques-uns retirés dans les champignons, se contentent de cette nourriture frugale, tandis que compagnons des Hamadryades, d'autres passent, sous les écorces, une vie obscure et retirée. Si, de retour dans nos montagnes, vous trouvez quelques-unes de ces dernières espèces dans les arbres déjà chargés des outrages du temps, vous ne pourrez voir sans admiration avec quel art la nature leur a donné une forme aplatie, pour leur permettre de se glisser avec facilité dans les galeries resserrées qu'elles fréquentent. Celles qui vivent dans des matières fétides, ne réclamaient pas une structure si écrasée; aussi leur corps plus bombé et d'un poli parfait, malgré les lignes dont leurs étuis sont ornés, peut-il parcourir sans peine les routes que leur frayent leurs jambes de devant, armées de dents pour cet usage.

Si, dans les sentiers qui bordent vos champs ou vos prairies, le hasard offre à vos regards un de ces petits animaux, suivez-le des yeux, mais ne l'approchez pas de trop près; car s'il vous aperçoit, ou que vous veniez à le toucher légèrement, vous lui verrez aussitôt retirer sa tête sous son corselet, cacher ses antennes coudées et replier contre sa poitrine les organes qui lui servent à la marche. Dans cette position, vous le croiriez mort, et tant qu'il sentira le danger, il se gardera bien de donner le moindre signe de vie: vous aurez beau le tourner en tous sens, toujours immobile et persuadé que son salut dépend du succès de sa ruse, il conservera la même attitude; mais sitôt qu'il croira pouvoir voyager en sûreté, il étendra ses petites pattes, déploiera ses antennes, et se remettra gaiment en route. Quelle ruse dans un si petit animal ! Qui donc lui a imprimé le sentiment de la crainte ? Est-ce qu'un vil atome aurait l'idée de la mort ?

La première fois que vous aurez l'occasion de rencontrer un de ces insectes , si vous avez la pensée d'observer ce petit manége en mettant son instinct à l'épreuve, vous me remercierez, je gage, de vous avoir fait éprouver du plaisir.

C'est ainsi qu'en observant les merveilles du Créateur, nous apprendrons , par ses œuvres admirables, à connaître sa puissance, et par ses bienfaits à l'aimer davantage.

Adieu : quand vous aurez envie
D'aller vous-même quelque jour,
Observer ceci, mon amie,
Dans les prés, les champs d'alentour,
De bon cœur déjà je m'engage
A seconder votre projet,
En vous suivant dans le trajet
Comme compagnon de voyage.

Les Byrrhes. *

Corps ovale ; antennes droites ; pieds totalement ou en grande partie contractiles.

Caractères. Antennes de dix à onze articles terminées en massue presque solide ou perfoliée et allongée, logées ordinairement dans le repos dans une rainure du corselet. — Mandibules peu saillantes. — Tête petite, enfoncée dans le corselet. — Sternum presque toujours dilaté en avant. — Corselet convexe trapézoïdal. — Corps ovale presque globuleux, plus ou moins convexe en dessous. — Pieds rétractiles. — Tarses en forme de fil, quelquefois hérissés de poils longs en dessous.

Larves ordinairement couvertes de poils, surtout sur les côtés.

On les trouve en général dans leur enfance sur les arbres, sur les animaux morts, etc. Dans leur état parfait, plusieurs se reposent sur les fleurs ou errent le long des chemins.

---

* Byrrhe, Byrrhus ; Linné. Étymologie incertaine ; peut-être de Βυρσις (bourse de cuir). Ils forment la tribu des Byrrhiens de MM. Latreille et Lamarck, et font partie des Stéréocères et des Hélocères de M. Duméril.

Lettre Seizième.

—

LES BYRRHES.

Par quels détours assez adroits, par quels ménagemens assez bien calculés, vous pourrai-je préparer à l'annonce de l'événement qui vient d'affliger votre jeune compagne Mlle R***. Grands Dieux ! allezvous vous écrier, la Parque inhumaine a-t-elle tranché le fil des jours d'un de ses proches. La fièvre livide a-t-elle frappé une tête qui lui est chère ? Ou la fortune aveugle l'a-t-elle accablée d'un de ces coups qui lui sont si familiers ? Rassurez-vous, Julie, rien de si déplorable n'est arrivé. Le malheur dont je veux vous entretenir est infiniment moins grand ; mais il est d'autant plus pénible qu'on aurait pu le prévenir. Je n'ose vous le dire, car il a arraché des larmes à votre amie, et il vous attristera par sympathie. C'est,.... devinez-le donc pour qu'on ne puisse me reprocher la démangeaison que j'ai eue de vous en instruire ; c'est,... n'y êtes-vous pas? c'est la ruine de celui qui fut l'objet des affections les plus chères ; c'est la destruction du plus aimable des Perroquets, du charmant *Ceylano*.

Vous savez que ce déserteur emplumé des rives du Gange, trop aimable et trop aimé pour son malheur, mourut il y a deux ans, comme le *Vert-Vert* des Nonettes, au printemps de ses jours. Vous vous rappelez qu'alors l'art employa toutes ses ressources pour lui conserver les apparences de la vie, et assurer à ses restes une plus longue durée. Je le considérais hier avec Mlle R**, dans sa niche de verre, où il montrait encore cette pose fière qui le distinguait autrefois. L'aimable oiseau ! me dit en soupirant votre amie ; quand ses yeux, tournés vers moi, se fermaient pour jamais à la lumière, sa bouche murmurait encore : *Je l'aimerai toujours*. Je vous ai caché, repris-je aussitôt, l'occasion qui lui a permis de graver ces paroles dans sa mémoire, je veux aujourd'hui vous l'apprendre ; ce sera une preuve de plus à ajouter à celles qui dénotent la facilité qu'il avait.

Un jour, pensif et solitaire,
Dans ce salon brillant qui m'a vu tant de fois :
Occupé de Julie, ainsi qu'à l'ordinaire,
Je prononçais à haute voix
Quelques-uns de ces mots qu'inspire la tendresse ;
Le drôle qui tout près, jouait, faisait des tours,
S'arrête en m'écoutant, retient avec adresse
Une phrase de mon discours,
Et depuis ce moment, en voyant sa maîtresse,

Docile à la leçon, il répétait sans cesse :
Je l'aimerai toujours.

Je vous remercie, me dit Mlle R**, de vos soins pour son éducation ; il m'a attendri plusieurs fois par ces paroles et par l'expression touchante avec laquelle il les prononçait.

En causant de la sorte, nous nous approchions de la cage vitrée qui renfermait cet oiseau, pour l'admirer davantage.

> L'artiste, avec tant d'art, avait su reproduire
> Son air vif et coquet, ses formes, ses contours,
> Que le bec entr'ouvert il semblait encore dire :
> *Je l'aimerai toujours.*

Tandis que nous étions à le contempler avec attention, j'aperçus au pied du support sur lequel il était perché, une certaine poussière qui semblait être l'ouvrage de quelques insectes destructeurs ; je ne tardai même pas à découvrir plusieurs de ceux que je soupçonnais en être les auteurs, et je n'eus plus de doutes à ce sujet. Qu'avez-vous ? me demanda votre amie, qui lut de suite dans mes yeux la crainte dont j'étais pénétré. Je vois, lui dis-je en hésitant, quelques Coléoptères parasites dont la présence ici me déplait singulièrement ; sans attendre sa réponse, j'ouvris aussitôt la cellule où était reclus le pauvre Ceylano, et je pris dans ma main, pour le lui montrer, un de ces êtres que je lui désignais comme suspects. Le petit scélérat fut à peine touché, qu'il replia ses pattes, se renversa sur le dos, et contrefit le mort le mieux du monde. Je le plaçai sous un verre grossissant pour le lui faire examiner avec plus d'attention. Quoi ! me dit-elle, voudriez-vous calomnier les intentions de cette jolie créature ? Je crois pouvoir répondre de son innocence ; je la reconnais pour être un de ces insectes qu'on trouve par centaines sur les plantes ombellifères, et dont le corps est couvert de petites écailles pulvérulentes, faciles à se détacher, qui par l'assemblage de leurs diverses couleurs forment sur leurs étuis des bandes ou des broderies charmantes. C'est très-bien, repris-je ; mais sous leur dernière forme, s'ils aiment à se nourrir du suc mielleux des fleurs et à se reposer en famille sur la corolle veloutée des végétaux, dans leur enfance leur genre de vie nous est infiniment plus dommageable. Leurs larves s'introduisent dans ces collections précieuses de plantes et d'animaux, dont nous gardons avec soin les divers échantillons, comme un gage de nos conquêtes sur la nature, et anéantissent en peu de temps les fruits et les recherches de plusieurs années. Les plus grandes de ces espèces destructives ayant à peine deux lignes de long, il leur est si facile par leur petitesse, de se cacher sous les poils ou les plumes, qu'on ne s'aperçoit souvent de leurs ravages, qu'au moment où il n'est plus temps d'y porter remède. Leur bouche est armée de mandibules écailleuses et tranchantes qui secondent merveilleusement leur appétit vorace ; elles sont couvertes de poils qui forment

des aigrettes sur leurs côtés, et des houppes à l'extrémité de leur ventre. Lorsqu'on regarde ces insectes de près, il est plaisant de leur voir, en les
touchant, redresser ces poils d'un air menaçant, à la
manière du porc-épic, et ne les rappliquer sur le
corps qu'au moment où le danger est passé. Si vous
voulez, ajoutai-je, m'aider dans mes recherches, je
crois que je vous pourrai en peu d'instans faire jouir
de ce spectacle. Je soulevai alors quelques-unes de
ces plumes de couleurs si vives qui formaient la
parure de Ceylano, et j'aperçus bientôt les larves
parasites qu'elles cachaient; mais hélas ! je découvris
aussi toute la grandeur du mal que je soupçonnais...
Cet oiseau charmant qui, comme celui de Corinne,
méritait l'immortalité, n'était plus qu'un amas de
poussière et de vermoulure!...

Permettez-moi de jeter un voile sur la douleur
qu'éprouva à cet aspect votre amie, et de vous continuer l'histoire des insectes qui entrent dans la
composition de cette famille. Il en est qui déposent
leurs œufs sur les arbres, principalement les or-
meaux, sur lesquels leurs jeunes larves trouvent un
abri dans la carie ou dans les ulcères qu'elles occa-
sionent. D'autres, parmi lesquels se trouvent les plus
grosses espèces de nos pays, passent leur printemps
sous la mousse et y acquièrent leur dernier degré de
perfection. En général, les êtres dont je vous esquisse
les mœurs, ressemblent tellement à une graine
lorsqu'ils ont subi toutes leurs métamorphoses, qu'un

jour j'ai réussi à faire accepter un de ces petits animaux, pour la semence d'une Belle-de-Nuit rare
d'Amérique. Votre voisin le fleuriste, M. C***, qui
donna dans ce piége, m'offrit de prime abord un
bouquet à choisir parmi toutes les plantes de son
parterre; et comme cet objet lui semblait plus précieux que tout ce qu'il possédait en ce genre :

> Pour obtenir cette graine inféconde,
> Ce trésor sans pareil dont il était jaloux,
> Il aurait tout promis à mon choix, à mes goûts,
> Comme je donnerais tous les plaisirs du monde
> Pour celui d'être auprès de vous.

Jugez combien je dus m'égayer, lorsqu'après avoir
reçu les roses et les œillets brillans qu'il s'était em-
pressé de me cueillir, je le vis reconnaître son erreur
aux mouvemens que fit l'insecte en cherchant à
sortir de l'état léthargique dans lequel il était resté
quelque temps dans sa main;..... mais ce fut-là le
moindre plaisir que j'en tirai ;

> C'était votre fête chérie :
> Vos parens, vos amis, affluaient près de vous,
> Pour vous faire agréer, Julie,
> Leurs présens, leurs souhaits, et leurs vœux les plus doux.
> De ce bouquet charmant vous reçûtes l'hommage,
> Il était le modeste gage
> Du plus tendre des sentimens.
> Le temps a sur son aile emporté ces momens ;
> Ces fleurs, qu'un seul matin avait su faire éclore,
> Dans un jour ont dû se flétrir ;
> Mais dans mon cœur je sens encore
> Tout ce que j'éprouvais quand je pus les offrir.

Les Dermestes *.

Corps oblong ; antennes droites ; pieds point ou imparfaitement contractiles ; élytres sans rebords , couvrant toujours le ventre.

Caractères. Antennes de dix articles , toujours terminées brusquement en massues, un peu plus longues que la tête et insérées au devant des yeux. — Tête presque entièrement cachée dans le corselet. — Mandibules peu saillantes. — Sternum rarement dilaté en avant. — Corselet presque pas plus étroit antérieurement, offrant rarement une fossette pour loger les antennes ; point bordé ou avec des rebords à peine marqués. — Écusson petit et triangulaire. — Elytres convexes sans rebords et couvrant toujours tout le ventre.

Larves. Hexapodes, velues, ayant le corps de douze anneaux, et terminé par une touffe de poils. Elles rongent les matières animales sèches.

L'insecte parfait se trouve dans les mêmes lieux, comme aussi sur les fleurs.

---

* Dermeste, (Δερμα , peau; Ἔστῶ , je dévore) Linné. Les Dermestius de M. Latreille; partie des Nécrophages et des Byrrhiens de M. Lamarck ; de la famille des Hélocères de M. Duméril.

Lettre Dix-septième.

LES DERMESTES.

Je vous écris tout bouillant encore de colère et de dépit..... Non, je ne me serais jamais attendu à une semblable violation du droit des gens.... Mais, les monstres..., ils ont payé de leur vie le mal qu'ils m'ont fait.

> Enflammé d'un juste courroux,
> Ne respirant que la vengeance,
> Je les ai vu bientôt succomber sous mes coups,
> Malgré leur vaine résistance.

N'était-ce pas encore un châtiment trop doux pour des larrons effrontés qui ont osé s'introduire dans les lieux les plus secrets de mon cabinet, qui ont... si je ne m'en fusse aperçu à temps, toutes mes richesses étaient perdues.

Je m'étais d'abord promis de vous cacher ce malheur; mais puisque vos intérêts s'y trouvent compromis, je ne puis me dispenser de vous en parler.

J'avais depuis long-temps rassemblé dans quelques boîtes une certaine quantité d'insectes que je me disposais à vous envoyer, lorsque ce matin songeant au malheur de Mlle R***, et voulant revoir tous ces objets avant de vous les adresser, je n'ai trouvé.... vous le dirai-je?... je n'ai trouvé que des débris dont s'engraissaient encore des larves dévorantes.

Jugez de ma douleur à ce spectacle inattendu! voilà donc, me suis-je dit, ces petits animaux,

> Qui devaient être l'ornement
> Du cabinet de mon amie,
> Et grossir la foule infinie
> Des objets curieux, qu'avec un art charmant,
> Qui pourrait servir de modèle,
> On trouve rassemblés dans son appartement.
> Peut-être, hélas, un jour eût-elle
> A les revoir, trouvé quelque plaisir!
> Peut-être même alors sa mémoire fidèle
> Lui rappelant l'ami qui les lui sut offrir,
> Aurait-elle payé mon zèle
> Par un doux souvenir!

Ah! combien de regrets j'éprouve de n'avoir point assez usé de précautions, pour les soustraire à la voracité de ces petits disséqueurs! Un peu de camphre placé dans la boîte, et les fentes les plus légères ointes avec une liqueur corrosive et mortifère, auraient suffi pour éloigner ceux qui auraient été tentés d'y entrer, et quand même des œufs ennemis auraient été placés auparavant, si j'avais eu le soin d'inspecter de temps à autre mon trésor, la poussière des débris que forment ces petits vandales m'aurait aussitôt averti de leur présence; il eût suffi de tremper mes Coléoptères dans de l'esprit de vin ou de les exposer à une chaleur de quarante à cinquante degrés, pour donner la mort à tous ces étrangers parasites, fléaux des collections et sujet de chagrins pour les amateurs.

Mais, hélas! mes regrets sont inutiles... presque tout a été dévoré, et je n'ai eu d'autre dédommagement que le plaisir de me venger sur les Dermestes et sur leurs larves que j'ai pu saisir.

Je vous envoie pour échantillon deux de ces petits scélérats, auxquels j'ai fait souffrir le supplice du pal, châtiment bien dû à leurs crimes. L'un est le D. *du lard*, habitué à ronger toutes les parties grasses des animaux morts : l'autre est le D. *des pelleteries*, dont l'air bénin est loin d'annoncer tous les ravages qu'il est dans le cas de faire. Leurs larves qui les accompagnent, diminuent insensiblement de grosseur de devant en arrière, et sont garnies de longs poils bruns ou roux. Examinez-les bien, je vous prie, dans tous leurs détails, et apprenez à les reconnaître pour les anéantir partout où vous les trouverez ; car ces petits destructeurs ne s'attaquent pas seulement aux richesses de l'entomologiste,

> Dans les cabinets des savans
> Ils ne font pas ces seuls ravages ;
> Ils dépouillent de leurs plumages

Ces oiseaux légers et brillans,
Qui naguère de leurs ramages,
Enchantaient nos bois et nos champs,
Et qui, de la mort et du temps,
Bravant les incomplets outrages,
N'ont perdu que leurs goûts volages
Et la voix qui formait leurs chants.

Et ce n'est encore là qu'une partie des griefs dont on les accuse; ils ont envers votre sexe des torts tout aussi graves, qui achèveront de vous les rendre odieux à jamais.

Dans les boîtes, dans les cartons,
Dépositaires des toilettes,
Souvent de ces petits fripons
Entrent quelques troupes secrètes :
Qu'il arrive alors de malheurs,
Si par hasard la négligence
Donne le temps à ces voleurs
De mettre à profit leur science !
L'un dissèque bientôt, par ses soins malfaisans,
Ces panaches légers, mobiles ornemens,
Que nos belles aux jours de fête
Laissent ondoyer sur leur tête,
Tandis qu'un autre avec ses dents
Détruit ces superbes fourrures
Dont le luxe, en hiver, embellit vos parures,
Et les manchons des grand'mamans.

Les Boucliers *.

*Corps ovale ou oblong ; antennes droites ; pieds point contrac-
tiles ; corselet bordé ; élytres ordinairement tronquées et souvent
bordées.*

Caractères. Antennes en massue globuleuse ou allongée , perfoliée, aussi longues que le corselet. — Tête engagée dans le
corselet, souvent inclinée. — Mandibules peu saillantes. — Corselet bordé , parfois aplati. — Élytres souvent bordées, ordinairement tronquées ; mais quelquefois couvrant l'abdomen. —
Corps oblong, elliptique ou naviculaire, rétréci et pointu aux
deux bouts.

Larves à six pattes courtes , tête armée de deux mandibules ,
extrémité postérieure souvent garnie de deux appendices sub-
coniques.

Les larves et les insectes parfaits se trouvent dans les matières
animales en putréfaction.

---

* Bouclier ; Geoffroy. A cause de la forme de leur corselet. Sylpha ; Linné ,
(Σιλφη , nom donné par Aristote à un insecte qu'on soupçonne être la Blatte),
famille des Peltoïdes de M. Latreille ; partie des Nécrophages de M. Lamarck
et des Hélocères de M. Duméril.

Lettre Dix-huitième.

LES BOUCLIERS.

Assis, un de ces jours, à l'ombre des tilleuls qui avoisinent la maison, mon imagination bercée par de douces rêveries, emportait mes pensées vers les lieux que vous habitez : je rêvais les yeux ouverts.

Je ne songeais point aux faveurs
Que prodigue au hasard la volage fortune ;
Je n'allais point, d'une plainte commune,
Quêter ces frivoles honneurs
Après lesquels soupire une foule importune ;
Mais occupé de soins plus doux,
Oubliant les tourmens d'une cruelle absence,
Mon cœur était auprès de vous,
Et malgré le destin jaloux
S'enivrait de votre présence.
Ah ! d'une si flatteuse erreur
Que n'ai-je joui davantage !
Rêve charmant, rêve enchanteur,

Qui me captivais sans partage ,
C'est à toi que je dus un instant de bonheur!

Distrait, tout-à-coup, par un bruit léger que j'entendis près de moi , j'eus la curiosité d'observer qu'elle en était la cause ; je m'aperçus bientôt qu'il sortait de dessous le cadavre d'une petite souris qui gisait à mes côtés. Je soulevai cet animal, dont l'odeur désagréable avait déjà frappé mes sens, et quelle ne fut pas ma surprise en découvrant quelques insectes noirs, à écharpe jaune, qui travaillaient en commun et avec ardeur à gratter la terre au dessous d'eux. Eh, quoi! me dis-je, ces faibles créatures sont-elles ainsi que l'homme condamnées au travail? ou dévorées comme lui par l'ambition, vont-elles demander à la terre les richesses que renferme son sein? insensés! laissez les mortels s'agiter pour des biens dont ils ne jouissent qu'un instant;

Mais vous dont l'unique désir
Est de rechercher le plaisir
Auquel vous vous livrez sans cesse ,
Consacrez, atomes d'un jour,
Tous vos momens à la tendresse ,
Toute votre vie à l'amour.

Pendant que je faisais ces réflexions, un des ouvriers avait quitté le dessous du cadavre, que j'avais soigneusement replacé dans la même position et semblait déserter sa compagnie; je crus que c'était un paresseux qui allait se reposer, et je lui trouvais un point de comparaison de plus avec les humains. Cependant ce petit animal, après avoir jeté sur la souris le coup d'œil d'un inspecteur, était allé se blottir de nouveau sous son ventre ; aussitôt, comme si ses compagnons n'eussent attendu que son signal pour se remettre à l'ouvrage, je vis le corps soulevé par eux, commencer à se mouvoir en avant, sans qu'il me fut possible d'apercevoir un seul de ces porteurs. O nature, me dis-je, leur avez-vous donc appris qu'avec l'union on peut vaincre les obstacles les plus insurmontables et opérer des prodiges ! En effet, cette masse vingt fois plus pesante qu'eux est bientôt transportée à une petite distance, dans un endroit plus sablonneux, qui sans doute était plus propice à leur dessein. Tous se mettent alors à fouiller la terre avec leurs pattes de devant en cherchant à entraîner leur proie dans la fosse qu'ils pratiquent ; ils emploient à cet ouvrage une telle activité, qu'en une heure et demie environ le cadavre entièrement recouvert de sable me dérobe la vue de leurs travaux. Mais, me demandais-je, quel peut être leur but, en cherchant à enfouir cet animal ? Une courte réflexion me fit bientôt sentir que ce devait être pour y déposer leurs œufs, afin que leurs petits trouvassent de suite une nourriture copieuse à leur portée. Je compris alors pourquoi ils s'étaient donné tant de peines :

> Car sitôt que l'homme à son tour,
> Voit dans ses rejetons revivre son image,

> C'est pour eux seuls alors qu'on le voit chaque jour,
>> Tenter la fortune volage,
> Et s'exposer souvent aux hasards dangereux :
> Les ennuis, les tourmens et même la souffrance,
>> Ne sont rien, si, selon ses vœux,
> Il peut de ses enfans embellir l'existence,
>> Et pour jamais les voir heureux.

> O vous, à qui le ciel donna dans sa tendresse,
> Des parens animés d'un si touchant amour,
> Enfans, par mille égards efforcez-vous sans cesse
>> De les bien payer de retour !

Mais, me dis-je encore, quel vilain choix dans la nourriture ! Pourquoi s'être attaché à cette matière infecte !.... N'est-ce pas Dieu, me sembla répondre une voix intérieure, qui leur donna de tels alimens en partage pour purger l'air de leurs exhalaisons mortelles ? O Providence admirable, m'écriais-je, c'est donc ainsi que vous employez les plus faibles créatures à accomplir vos desseins éternels ! C'est donc par mille moyens secrets que vous prodiguez vos bienfaits à l'homme, qui souvent cherche à vous méconnaître ?.... Emu par les réflexions que je venais de me faire, et pénétré de gratitude envers l'auteur de tant de biens, je regagnai la maison en murmurant pour lui, dans le fond de mon cœur, une hymne de reconnaissance.

Je n'eus rien de plus pressé que de vite chercher le nom de cet insecte et de mettre en note le fait dont je venais d'être le témoin : je contais enrichir l'Entomologie d'une observation curieuse ; déjà je me flattais de voir dans quelques ouvrages sur cette aimable science, mon nom briller aux yeux des lecteurs;.... mais, ô douleur imprévue !..... quelques savans, nés trop tôt pour ma gloire, avaient déjà épuisé ce sujet. Je vous envoie, cependant le récit du spectacle qui m'a amusé; puissiez-vous y trouver tout le plaisir que j'ai éprouvé moi-même. J'ajouterai un trait qui prouve jusqu'où peut aller l'industrie de ces Coléoptères : d'autres observateurs qui ont eu avant moi la patience de suivre ces insectes dans leurs travaux, ont un jour pour les dérouter, fixé, une taupe à un bâton enfoncé dans la terre; en vain comme vous le pensez, ces intrépides ouvriers épuisaient toutes leurs forces, le cadavre ne baissait point; finalement ces petits rusés s'aperçurent du tour qu'on leur avait joué et se mirent à sous-miner le bâton et encaver la place où il était fiché; dès-lors tout alla à leur souhait [1].

Le Bouclier *fossoyeur* dont je vous ai fait connaître le travail, indique par son nom seul l'occupation à laquelle il se livre; il suffit de vingt-quatre heures à trois ou cinq de ces animaux pour enterrer une souris, etc., à plus d'un demi-pied de profondeur. Les mères empressées y déposent bientôt leurs œufs, d'où sortent des larves dont le corps muni de six pattes courtes, offre douze anneaux, ornés en dessus d'une tache rougeâtre, couronné d'épines. Elles dé-

---

[1] Récréations tirées de l'*Hist. nat.*, t. 1, p. 116.

vorent avec une avidité incroyable les chairs, la peau et souvent jusqu'aux os des cadavres qui les logent. Après s'être suffisamment engraissées et avoir acquis la grosseur à laquelle elles doivent parvenir, elles se construisent une loge lisse dans laquelle elles se reposent sous la forme de nymphes, qu'elles quittent au bout de trois ou quatre semaines pour celle d'insecte parfait.

Tous les individus de cette famille ont un talent remarquable et une industrie qui nous est utile. La plupart destinés à délivrer la surface de la terre des substances cadavéreuses, sentent de très-loin les émanations qu'elles répandent, accourent en légions nombreuses s'en disputer les débris, et attirent peut-être sur leurs traces, à l'aide de l'odeur fortement musquée qu'ils exhalent, les quadrupèdes voraces qui remplissent dans la nature le même emploi qu'eux. Quelques insectes de ce groupe se tiennent en embuscade sur les arbres pour y dévorer les chenilles qu'ils y rencontrent; d'autres grimpent sur les plantes, y font la guerre aux Hélices qui nous sont si nuisibles, et se repaissent de leur chair malgré l'enveloppe pierreuse qui les protége; tandis que les moins voraces se rencontrent dans les bois, sous les feuilles pourries, ou se contentent de champignons pour nourriture.

Telle est l'histoire de la famille des Boucliers : leur nom vous rappellera sans doute cette armure guerrière qui défendait le troubadour dans les tournois ou le héros dans les champs de Bellone; je pourrais en m'étendant sur cette matière, vous parler du fameux bouclier d'Achille, chanté par Homère, ou de celui du dieu Mars lui-même; mais je préfère à ces armures ensanglantées l'égide pacifique de Minerve.

De ce bouclier protecteur
Qui couvrait l'aimable déesse,
Aux premiers jours de ma jeunesse
J'avais armé mon bras pour garantir mon cœur
Des traits cuisans de la tendresse;
Mais aussi faible que jamais,
Près de vous je connus sans peine
Combien était futile et vaine,
La prévoyance que j'avais.
Vers Pallas aussitôt, pour calmer mes alarmes,
Je levai mes yeux pleins de larmes:
Reprends, lui dis-je, avec douleur,
Reprends ton armure inutile;
Sur moi Julie a pris un empire facile,
J'ai senti son pouvoir vainqueur;
Ses vertus captivent mon ame,
Son esprit m'enchante et m'enflamme,
Je suis vaincu par sa bonté;
O déesse aimable et chérie!
Bannis de mes pensers l'image de Julie,
Rends à mon cœur sa liberté.
« D'un semblable bienfait que le ciel te préserve! »
Répondit aussitôt Minerve,
Du haut de la voûte d'azur;
« Ne rougis point de ta faiblesse;
« Les dieux approuvent la tendresse,
« Quand la vertu, quand la délicatesse

« En forment le principe sûr ;
« Le bouclier de la Sagesse
« Ne peut défendre la jeunesse
« Des traits d'un amour aussi pur. »

Les Parnes*

Corps ovale ; pieds saillans ; antennes droites, en fuseau, ayant ordinairement le second article prolongé ; pieds marcheurs.

Caractères. Antennes très-courtes, ayant ordinairement le second article prolongé en forme d'oreille ou de palette. — Tête enfoncée dans le corselet. — Mandibules peu saillantes. — Tarses à articles distincts. — Corps ovale.

Ils se trouvent sur les bords des eaux ou dans les mares et les ruisseaux ; mais sans y nager.

---

* Parne, Parnus ; Fabricius. (Παρνος, nom historique), Dryops, d'Olivier. Famille des Clavicornes de M. Latreille ; partie de celle des Hydrophiliens de M. de Lamarck et de celles des Clavicornes ou Hélocères (Ἧλος, tête de clou ; Κερας, corne) de M. Duméril.

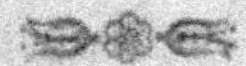

Lettre Dix-neuvième.

LES PARNES.

Jusqu'à ce jour, Julie, nous n'avons passé en revue que des insectes qui peuplent nos prairies, se cachent dans nos bois ou voltigent dans nos jardins ; aujourd'hui, si nous voulons étudier les mœurs de la famille qui se présente, il faudra nous approcher de cet élément diaphane, qui, échappé de l'urne des Naïades, se précipite en cascade écumante, s'écoue en ruisseau harmonieux ou se déploie en nappe argentée, et qui vous montre chaque fois que vous vous en approchez,

> Un front où siége la candeur,
> Et que souvent la modestie
> Couvre d'une aimable rougeur ;
> Des yeux où brillent le génie,
> L'affabilité, la douceur ;
> Un visage dont la fraîcheur

> Imite celle de la rose
> Unie à la blancheur des lis;
> Une bouche enfin où repose
> Le plus séduisant des souris.

Je me hâte d'abréger des détails qui font naître sur vos joues un plus vif incarnat, pour vous tracer l'histoire des Parnes.

Approchons-nous de cet étang qui borne la prairie charmante étalée sous votre jardin; nous découvrirons bientôt parmi les joncs qui hérissent cette rive, quelques-uns des petits animaux qui vont nous occuper.

Privés de l'avantage d'avoir des pieds ciliés, c'est-à-dire, dépourvus de ces rames vivantes qui aident aux espèces des groupes suivans à fendre le fluide au sein duquel ils vivent, les Parnes se contentent de se jouer aux pieds des nymphes des ruisseaux, de se cacher parmi les plantes aquatiques, de marcher dans les dédales qu'y forment leurs tiges variées, ou d'autres fois même de se promener sur les bords fangeux de nos mares.

Vous dirai-je qu'ils sont véhémentement soupçonnés de se nourrir de chair vivante et de s'engraisser aux dépens des petits animaux qui habitent leur voisinage? Voilà du moins la réputation odieuse dont ils jouissent parmi les Entomologistes, et que l'inspection de leurs mandibules tranchantes a contribué à leur mériter; mais je me hâte d'ajouter, pour leur honneur, qu'on n'a encore rien d'assez positif à ce sujet pour leur en faire un crime capital.

Le séjour habituel de ces insectes leur a fait donner le nom d'un pêcheur grec, qui, dépouillé du bateau qui faisait toute sa richesse, errait tristement sur la plage témoin de son infortune, accusait tous les passans de ce larcin et leur redemandait l'objet dont la perte causait tous ses chagrins. Il m'arrive souvent de ressembler à ce malheureux, lorsque près de votre habitation, dans ces champs tapissés de verdure, que l'eau la plus limpide se plait à embellir, je revois ces lieux charmans où vous veniez porter vos pas solitaires, où j'ai eu même mainte fois le plaisir de vous accompagner sous les yeux de vos parens.

Sur ces bords, où tout me rappelle
Des momens si délicieux,
Souvent, nouveau Parnos, je viens chercher querelle
Aux objets qui frappent mes yeux.
Rends-moi, dis-je au ruisseau qui baigne la prairie,
Rends-moi les traits de mon amie,
Que ton onde infidèle a souvent réfléchis !
Saules et coudriers, qui de votre feuillage
Ombrageâtes souvent ses roses et ses lis,
Ah ! reproduisez-moi la séduisante image
De celle dont je suis épris !
Et vous qu'elle effleurait à peine,
Mousses des bois, gazons fleuris,
Montrez-moi la trace incertaine
Que vous laissaient ses pieds chéris !
Mais je me plains en vain ! l'écho du voisinage
Redit seul ma juste douleur !
Pourquoi donc cependant ces bords et cette plage
Présentent-ils encor quelque attrait à mon cœur ?

Ces lieux, dans leur muet langage,
Semblent m'entretenir de vous;
Et ce plaisir est assez doux
Pour m'attacher à ce rivage!

Les Gyrins *

Corps ovale ; antennes droites, plus courtes que la tête, en fuseau, insérées dans une cavité au devant des yeux, et ayant le second article prolongé ; pieds postérieurs nageurs.

Caractères. Antennes plus courtes que la tête, en massue fusiforme. — Tête en partie enfoncée dans le corselet. — Yeux apparens en dessus et en dessous, comme si ces organes étaient doubles. — Corps ovale. — Pieds postérieurs larges, minces, tarses feuilletés, propres à la nage.

Larve hexapode, linéaire, ayant les derniers anneaux de son corps garnis de chaque côté d'un filet membraneux et cilié.

Ces insectes habitent les étangs et les ruisseaux, sur la surface desquels ils nagent avec une rare habileté.

---

* Gyrin, Gyrinus ; Linné. (Γυρεύω, je tourne en rond.) Tourniquet, Geoffroy. Partie de la tribu des Hydrocanthares de M. Latreille ; de la famille des Remipèdes ou Nectopodes (Νηκτος, propres à la nage ; ποδὰ, pieds) de M. Duméril, et de celle des Hydrophiliens de M. Lamarck.

Lettre Vingtième.

LES GYRINS.

Une pêche à laquelle j'ai assisté hier, va me fournir en ce moment l'occasion de vous écrire : vos
amies Mlles T** étaient venues m'inviter à cette réunion. Une journée magnifique, une société char-
mante, une partie agréable, tout semblait promettre
les plaisirs les plus purs et les plus délicieux ;

> D'ailleurs nous devions de Julie
> Rappeler le doux souvenir ;
> Nous y devions de mon amie
> Longuement nous entretenir.

C'eût été trop de motifs pour décider l'homme le
plus irrésolu, jugez avec quel empressement j'accep-
tai des offres aussi flatteuses ! Je comptais en outre,
utiliser quelques instans à enrichir ma collection de
plusieurs espèces nouvelles ; aussi pendant que la

société s'amusait à voir les malheureux habitans des eaux lutter vainement contre le courant qui les entraînait, retiré à l'écart, je remplissais mes boîtes d'insectes plus ou moins rares que la vase recélait.

Mlle E** qui s'aperçut de mon travail, vint à moi sur-le-champ : Vous sayez, me dit-elle, qu'il était convenu que vous nous donneriez aujourd'hui une petite leçon entomologique; vous avez dejà recueilli quelques-uns des petits animaux que nous désirons connaître, je saisis cette occasion pour vous rappeler plus fortement votre promesse. Il n'y a pas à hésiter, ajouta-t-elle, il faut nous donner sur l'histoire de l'un d'eux, les détails les plus minutieux. J'eus beau prétexter alors mon peu de savoir : on invoqua votre nom, Julie, je n'eus rien à répliquer.

Quelques personnes de la société vinrent aussitôt se joindre à nous, et dès que notre académie se fut assise sur le gazon qu'ombrageaient les peupliers du rivage, je leur parlai ainsi des Gyrins.

Qui de vous ne connaît ces insectes appelés également Tourniquets, dont le corps noir reflète la lumière, qui les fait ressembler à des points brillans sur l'azur de nos eaux tranquilles? Qui n'a remarqué la légèreté avec laquelle ils savent patiner sur nos étangs? Assemblés souvent en troupes sur leur surface immobile, ils y font, dans une agitation presque continuelle, des tours et des détours circulaires, y décrivent des lignes courbes et concentriques, et se jouent avec une telle agilité du fluide qui les porte, qu'on dirait qu'ils effleurent à peine l'humide élément.

Vous qui savez que le bonheur habite le plus souvent avec le repos, vous concevrez difficilement, sans doute, pourquoi ils usent ainsi leur vie dans un mouvement presque perpétuel;

> Mais cette folie est commune :
> Combien ne voit-on pas de gens,
> Et la nuit et le jour, occuper leurs instans
> A courir après la fortune ?

C'est à peu près aussi le même motif qui les anime : celui de chercher leur nourriture. Sans cesse occupés de ce projet, ils n'emploient à ramer que leurs quatre pattes de derrière et se servent de celles de devant pour attraper les petits insectes qui se trouvent sur leur passage. La nature ne s'est pas contentée de leur donner ces espèces de crochets ou de dagues pour saisir leur proie, elle a façonné leurs yeux de telle sorte qu'ils semblent avoir ces organes en nombre double des autres insectes ; car ils peuvent en même temps, par leur moyen, apercevoir tout ce qui se passe dans l'air, tout ce qui se trouve dans leur voisinage et tout ce qui habite même au fond des eaux. Aussi les petits animaux qui vivent dans leur sein ne peuvent-ils pas être en sûreté avec eux ; car souvent immobiles, et semblables à l'oiseau de rapine qui plane dans les airs, les Gyrins guettent d'un œil perçant les objets qui flattent leur appétit carnassier, et s'ils découvrent dans le fluide qui les porte une victime toute prête, ils plongent avec célérité, emportant attachée à l'extrémité de leur ventre une petite bulle d'air, semblable à un globe argentin.

Vous présumez bien qu'un être qui est si habile à prendre les autres, doit être leste à éviter lui-même le danger : aussi se sauve-t-il avec promptitude aussitôt qu'on l'approche ; cependant si son agilité le trahit, si l'on parvient à s'en emparer, il fait suinter de son corps une liqueur blanche comme du lait, dont l'odeur forte et désagréable se conserve pendant long-temps aux doigts qui ont touché cet insecte.

Après avoir été pendant tous les beaux jours l'effroi des timides habitans de l'empire liquide, le Tourniquet songe à préparer le berceau de ses descendans ; sa femelle dépose sur les plantes aquatiques ses œufs d'où sortent des larves semblables à des Mille-pieds, aussi carnassières dès leur enfance qu'elles doivent l'être toute leur vie. Chacune d'elles, aux approches du mois d'août, se retire dans les roseaux, s'y construit une petite cellule qui ressemble à du papier gris, où elle demeure recluse jusqu'à ce que parvenue à sa dernière forme, elle peut briser son tombeau et voler dans les ondes qu'elle ne doit plus quitter.

Je comptais alors être libéré de mon engagement, et j'invitais ces dames à aller rejoindre la société, lorsque Mlle E. me retenant : N'espérez pas, me dit-elle, vous en tirer à si bon compte ; souvenez-vous que vous êtes à nos ordres et que vous devez nous

obéir tant que nous voudrons bien employer vos services. Je me récriai aussitôt, et.... je renvoie à demain
de vous apprendre s'il a fallu me soumettre à ce des-
potisme inattendu, ou si je suis parvenu à me soustraire à la pressante curiosité de ces dames.

> Mais si dans ce moment, pour le plaisir de tous,
>   Notre société vous avait possédée,
>   Cette question, grâce à vous,
>   Eût été bientôt décidée.

Les Hydrophiles [*]

Corps ovale ou elliptique ; antennes droites, sans appendice, en massue distincte et insérée sous un avancement des bords de la tête.

Caractères. Antennes presque pas plus longues et quelquefois plus courtes que les palpes. — Quatre antennules. — Corselet beaucoup plus large que long. — Corps ovale ou elliptique, bombé. — Jambes quelquefois armées de deux éperons. — Tarses paraissant souvent n'avoir que quatre articles (le premier étant très-petit), ordinairement ciliés, mais d'autres fois simplement propres à la marche.

Larve hexapode, en cône allongé, munie d'une grosse tête et de fortes mandibules.

Ils habitent les eaux stagnantes.

---

* Hydrophile, Hydrophilus ; Geoffroy. (Ὕδωρ, l'eau; φιλέω, j'aime.) Partie de la famille des Palpicornes de M. Latreille; de celle des Clavicornes ou des Hélocères de M. Duméril et de celle des Hydrophiliens de M. de Lamarck.

Lettre Vingt-unième.

LES HYDROPHILES.

Vous devinez sans peine, Julie, qu'il a fallu céder aux désirs des personnes aimables qui m'entouraient, et parler encore, malgré mon ignorance, des merveilles de la nature; mais qui n'obéirait pas à des ordres donnés avec tant de grâce?

> Qui pourrait, lorsque d'avance
> Ce sexe trop enchanteur,
> Du souris le plus flatteur
> Paie un peu de complaisance;
> Ah! qui pourrait, incertain,
> Résister à de tels charmes,
> Et, présomptueux ou vain,
> Ne lui pas rendre les armes?

Il faudrait une fermeté qu'il serait difficile de conserver devant bien des dames, et qui se démentirait infailliblement à votre vue :

> Mais votre sexe, au surplus,
> Sait trop bien, quand il commande,
> Qu'il ne craint point de refus,
> Et que d'un seul regard, sur-le-champ confondus,
> Nous accordons, hélas! tout ce qu'on nous demande.

Je repris donc ainsi la parole :

Les Hydrophiles ou amis de l'eau, indiquent par leur nom seul, dans quel élément ils fixent principalement leur séjour. Vous pouvez juger par l'échantillon que voici, qu'ils présentent le plus ordinairement la forme ovale ou elliptique; mais si vous voulez l'examiner de plus près, agissez avec précaution, car plusieurs d'entre eux (surtout les grandes espèces) ont leur sternum terminé en pointe aiguë qu'ils tâchent, en reculant malicieusement, d'enfoncer dans les doigts qui les captivent, pour faire lâcher prise aux téméraires qui osent les saisir.

Ces insectes, à l'exemple des Loutres et des Castors, ne peuvent rester continuellement au fond des étangs ou des ruisseaux, sans venir respirer au dehors. Dès que ce besoin se fait sentir, ils quittent leurs grottes profondes, se laissent aller à la surface de l'eau, élèvent avec adresse l'extrémité de leur abdomen au dessus de l'élément mobile qui cache le reste de leur corps, et dans cette communication rapide avec l'air extérieur, écartent leur ventre de leurs étuis, et reçoivent par leurs stigmates le principe nécessaire à leur vie. Ce besoin une fois satisfait, ils replongent dans leur retraite humide pour se cacher dans la vase ou errer parmi ces plantes aquatiques où ils trouvent les petits animaux dont ils font leur nourriture.

Bientôt cependant, le petit dieu dont les traits vainqueurs atteignent l'aigle dans les airs, le lion dans les forêts, ou le poisson au sein des eaux, l'Amour, vient agiter aussi ces insectes d'une inquiétude nouvelle. La femelle, pour cacher ses œufs, construit avec son derrière une coque soyeuse et piriforme, qu'elle confie à l'élément liquide dans lequel doivent vivre les petits qui en sortiront.

> Ainsi le Nil, sur son rivage,
> Vit voguer le berceau d'un enfant merveilleux
> Qui devait de leurs fers délivrer les Hébreux,
> Et les ravir à l'esclavage.

La même Providence qui veillait jadis sur les destinées du jeune libérateur des Israélites, se manifeste encore chaque jour pour la conservation de ces êtres faibles ; ce n'est donc point sans admiration qu'on voit cette coque terminée par une corne solide et un peu recourbée, qui lui donne au besoin la faculté de s'accrocher aux corps qui l'entourent, et sauve ainsi une famille entière que des vents violens pourraient emporter sur des bords étrangers.

Au bout de quelques jours, naissent des jeunes larves, qui ont à l'extrémité du ventre deux appendices charnus qui les soutiennent à la surface de l'eau, la tête en bas, lorsqu'elles viennent respirer ; mais ce qu'elles ont de plus remarquable, c'est la faculté de

pouvoir renverser leur tête en arrière. Vous allez
voir de quelle utilité leur peut être cette position ,
qui avait donné à croire à quelques naturalistes ,
qu'elles avaient les pattes sur le dos [1] ; je vais rapporter ce qu'en dit un savant.

> Lyonnet, cet aimable auteur,
> Qui de plus d'une créature
> Peignit avec tant de bonheur
> Les mœurs ainsi que la structure ,
> Vous fera rire de bon cœur ;
> Quand vous verrez cette peinture,
> Ce tableau si neuf, si piquant,
> Vous applaudirez, je le jure,
> A qui sut aussi plaisamment
> Prendre sur le fait la Nature.

Cette larve, dit-il, s'amuse à faire la guerre aux
escargots que recèle la lentille qui couvre la surface
de l'eau. Après les avoir pris, c'est à son dos qu'elle
a recours : il lui sert de point d'appui pour casser la
coquille, et de table pour manger l'animal qui y est
renfermé. Quand elle l'a saisi avec ses dents, elle se
plie en arrière, élève un peu le dos, et y appuie le
limaçon. Dans cette attitude, sa tête, naturellement
un peu penchée à la renverse, porte plus à plomb
sur l'escargot, et lui procure par là un moyen plus
aisé d'en casser la coquille et d'avaler l'animal, que
si elle avait la tête inclinée vers le ventre [2].

---

[1] Frisch., p. 27. — *Mém. de l'Acad. des sciences*, 1714, p. 203.
[2] *Théol. des Ins.*, t. 2, p. 62. *Remarq. de* P. Lyonnet.

Après s'être nourrie de ces malheureux, et être arrivée à l'époque de sa dernière métamorphose, elle quitte l'eau, dans laquelle elle se noierait si elle y restait plus long-temps, s'enfonce dans la terre qui borde le rivage, s'y ménage avec ses pattes et ses mandibules une cavité sphérique, où elle vit retirée jusqu'au moment où tous ses nouveaux organes, suffisamment consolidés, lui permettent de quitter sa forme première pour celle d'insecte parfait.

Parvenus en trois semaines à ce terme glorieux, ces petits animaux, que la nature a avantagés avec une rare préférence, peuvent suivre la Bécassine dans les airs, échapper à l'homme sur la terre, ou fuir dans nos étangs le bec du Canard avide. Il est cependant quelques individus de cette famille qui nagent peu ou difficilement; mais en revanche plusieurs femelles de ce genre sont remarquables par cet attachement si tendre qui distingue toujours votre sexe, lorsqu'il s'agit des soins à donner à l'enfance. On les voit porter leurs œufs attachés sous leur ventre dans un tissu soyeux, et ne pouvoir se séparer de ce trésor dans les plus grands dangers dont elles sont menacées. Les larves qui produisent ces espèces diffèrent également de celles dont je vous ai décrit les mœurs, en ce qu'au lieu de nager, ou de se suspendre comme les premières, elles se contentent de parcourir la surface des eaux stagnantes, renversées sur le dos [1].

----

[1] *Annales du Muséum*, t. 14, p. 441. *Mém. de M. Félix Miger.*

Ces dames songeaient, je crois, à mettre de nouveau ma complaisance à l'épreuve, lorsque nous nous aperçûmes que la société regagnait la maison. Nous suivîmes aussitôt cet exemple; et à notre arrivée au logis, on était déjà à discuter quel parti on pourrait tirer d'un brochet énorme qu'on avait capturé.

> Nous mîmes tous aux voix cette affaire importante,
> Et l'animal fut mis à la sauce piquante.
>
> BERCHOUX, *Gastronomie.*

Le gentil Berchoux, qui devait être des nôtres, et que quelque contre-temps retint chez lui, nous fut, comme vous le voyez, d'un bon secours; mais nous fûmes reconnaissans.

> On but à la santé chérie
> De ce gastronome charmant;
> On but à son esprit gourmand,
> Ainsi qu'à sa muse jolie;
> On but enfin à la gaîté
> Qui toujours s'attache à ses traces,
> Comme on boit aux vertus, aux grâces,
> Quand un toast vous est porté.

COLÉOPTÈRES PENTAMÉRÉS.

FILICORNES [1].

Familles.

Pieds postérieurs aplatis, ciliés, propres à la nage. . . . . DYTIQUES.

Corselet mutique; sternum non terminé en pointe; appendice aux cuisses postérieures.
— Corselet aussi large que les élytres ou la tête. . . . . . CARABES.
— Corselet plus étroit que les élytres et la tête. . . . . . CICINDÈLES.

Corselet anguleux; sternum avancé presque sous la bouche, et pointu postérieurement.
— Angles du corselet épineux; extrémité du sternum s'enfonçant dans une cavité. . . TAUPINS.
— Angles sans prolongement; saillie postérieure du sternum libre. . . . . RICHARDS.

Élytres molles; sternum ne s'avançant pas sous la tête.
— Corps arqué ou bombé en dessus; corselet parfois anguleux. . . . CÉBRIONS.
— Corps plan, droit ou déprimé.
— — Pénultième article des tarses bilobés. . . . LAMPYRES.
— — Articles des tarses entiers. . . . . MALACHIES.

Corps subcylindrique ou linéaire; corselet sans pointes.
Tête engagée dans le corselet.
— Antennes filiformes ou grossissant insensiblement, quelquefois même terminées en massue; pénultième article des tarses bilobés; yeux échancrés. . . . . CLAIRONS.
— Antennes filiformes, quelquefois pectinées ou en panaches; tarses et yeux entiers. . . . . PTINES.

Tête dégagée, séparée par un col. . . . . . LIME-BOIS.

Ne couvrant que la moitié du ventre; corps allongé . . . . STAPHYLINS.

(Élytres · Couvrant la majeure partie du ventre · Pieds marcheurs · Corps ovale, aplati ou bombé · Élytres dures.)

---

1 (*Fibum*, fil; *cornu*, corne) de M. Lamarck; les *Carnassiers*, les *Hydrocanthares*, les *Brachélytres* et les *Serricornes* de M. Latreille; les *Carnassiers*, les *Rémipèdes*, les *Brévipennes*, les *Thoraciques*, les *Perce-Bois* et les *Mollipennes* de M. Duméril.

Les Dytiques [*]

Élytres couvrant la majeure partie du corps ; pieds postérieurs aplatis, ciliés, propres à la nage.

Caractères. Antennes filiformes ou sétacées, ordinairement au moins aussi longues que le corselet. — Six palpes. — Corselet plus large que long. — Élytres dures couvrant tout le ventre. — Corps elliptique. — Appendice aux cuisses postérieures. — Tarses antérieurs souvent dilatés dans les mâles. — Pieds postérieurs aplatis, ciliés.

Larve à six pieds, armée de fortes mandibules, et munie de deux appendices à l'extrémité du corps.

Ces insectes se trouvent dans les mares et les étangs.

---

[*] Dytique, *Dytiscus ;* Linné. (Δύτης, plongeur.) Partie de la tribu des *Hydrocanthares* de M. Latreille ; de la famille des *Rémipèdes* de M. Duméril et de celle des *Carabiens* de M. de Lamarck.

Lettre Vingt-deuxième.

LES DYTIQUES.

Traversons de nouveau votre prairie pour arriver
à un des étangs qui la limitent,

> Et sur le bord de l'eau dormante
> Restons encor quelques instans;
> La Nature est si séduisante,
> Tous ses attraits sont si puissans,
> Qu'à son étude approfondie
> Lorsqu'on aime à donner ses soins,
> Ce sont, des momens de la vie,
> Ceux que l'on regrette le moins.

Les Dytiques, dont le nom signifie *plongeur*, se
montreront bientôt à nous, dans ces occasions où,
comme les Hydrophiles, ils viennent respirer l'air
extérieur. Pour exécuter cette fonction, ils laissent,
à l'exemple de ces derniers, leurs pattes en repos,
et leur corps, plus léger que l'élément qu'ils habitent,
s'élève de lui-même. Ne voyez-vous pas, près de ces

roseaux, un de ces animaux se suspendre verticalement la tête en bas? admirez avec quelle agilité il
écarte, vers l'extrémité de son corps resté à découvert, ses étuis de son ventre; après quoi, muni de
sa petite provision, il rejoint son abdomen à ses
élytres, et retourne se blottir au fond des eaux,
jusqu'à ce que de nouveaux besoins le ramènent à
leur surface.

Dès leur sortie de l'œuf, les larves longues et effi-
lées de ces insectes sont obligées de se livrer au
même exercice. Pour soulager leur faiblesse, et leur
rendre plus facile cette opération qu'elles répètent
si souvent, la Nature a placé à l'extrémité de leurs
corps deux appendices ou petits filets coniques qui
les soutiennent à la surface de nos mares, et leur
donnent le moyen d'élever au dessus de l'eau le
bout de leur queue, où sont situées les principales
ouvertures de la respiration.

Ces larves méritent à bien d'autres titres de fixer
l'attention de l'observateur; leur dos est couvert
d'écailles comme celui des Tortues ; leurs derniers
anneaux sont ornés de franges de poils qui leur
servent de rames et de gouvernail, et leur tête aplatie semble ornée de cinq ou six yeux, pour leur
faire apercevoir plus facilement tout ce qui peut
tenter leur appétit carnassier. Dès qu'un de ces miroirs fidèles les avertit du passage de quelque petit
animal, elles donnent à leur corps un mouvement
vermiculaire, et ont bientôt atteint l'imprudent qui

ose s'aventurer si près d'elles. Malheur aux larves de Libellules, de Cousins et d'Éphémères qui tombent sous leurs dents en crochets recourbés! car, au moyen de ces mandibules creuses et percées comme par une fente à l'extrémité, ces petits tigres sucent toute la substance fluide de leur proie, tandis qu'avec les autres pièces de leur bouche, ils brisent et dévorent leurs parties plus solides.

Ces larves sanguinaires conservent cet odieux métier jusqu'au moment de leur transformation en nymphes. Elles quittent alors les lieux témoins de leurs fureurs, se retirent dans la terre humide du rivage, et semblent y vouloir méditer, dans le silence et la retraite, la réforme de leurs mœurs odieuses; mais au bout de quinze ou vingt jours elles abandonnent leurs cellules, et déploient de nouveau, sous un autre domino, les habitudes cruelles avec lesquelles elles étaient nées : tant il est difficile aux méchans de se corriger!

Aussi redoutables dans leur genre que le Brochet vorace, les Dytiques, sous leur dernier déguisement, poussent l'audace jusqu'à attaquer d'autres insectes sous lesquels ils sembleraient devoir succomber. C'est ainsi qu'une de ces espèces rapaces s'élance sur l'Hydrophile brun, quoique ce dernier soit une fois plus grand, et parvient à le tuer en le perçant entre la tête et le corselet, c'est-à-dire, à la seule partie qui, comme le talon d'Achille, donne prise aux blessures.

Pour juger de l'appétit de ces petits animaux, il suffit de placer à leur portée les débris d'une Grenouille ou autre appât semblable; on les voit fondre sur cette proie avec la gloutonnerie du Requin, la saisir avec leurs pattes antérieures comme avec des mains, et la porter à leur bouche pour la dévorer.

Esper en a nourri un plus de trois ans, en lui donnant, par semaine, à peu près gros comme une noisette de bœuf cru. Dès qu'il voyait arriver sa petite provision, il se jetait dessus avec l'avidité de l'Hyène, et en suçait le sang de la manière la plus complète.

Les Dytiques, comme tous les animaux qui vivent de rapine, peuvent jeûner plusieurs jours sans en souffrir; on évalue même à un mois le temps qu'ils pourraient passer sans prendre aucune nourriture. Mais ils sont rarement dans le cas d'être mis à une épreuve aussi cruelle; car, dès que les lieux qu'ils habitent cessent d'être giboyeux, ils déploient leurs ailes légères à l'approche des ténèbres, s'élancent dans les airs d'un vol bruyant et sonore, et, comme le Canard ou le Héron, vont chercher des marécages nouveaux, des étangs plus propices, qui promettront des curées plus nombreuses à leur appétit carnassier.

On a fait sur le Dytique *bordé* la remarque curieuse de la sensibilité de ces insectes aux variations de l'atmosphère. Vous pouvez répéter cette expérience en plaçant un de ces animaux dans un bocal;

il vous annoncera, par son élévation, les divers
changemens qui surviendront dans l'air. Adieu :

> Si, par une adresse admirable,
> Cet habitant de nos marais,
> Chaque jour, selon vos souhaits,
> Indiquait l'état véritable
> De mes doux sentimens, de mes pensers secrets,
> Vous ne le trouveriez jamais
> Descendu jusqu'au variable.

Les Carabes [*]

Pieds marcheurs ; corps oblong ; élytres dures ; corselet sans dents ou épines ; sternum non terminé en pointe ; appendice aux cuisses postérieures ; corselet aussi large que la tête ou les élytres.

Caractères. Antennes filiformes ou sétacées, ordinairement aussi longues que la moitié du corps. — Tête tantôt engagée dans le corselet, tantôt distincte. — Six palpes. — Corselet parfois rétréci postérieurement en cœur tronqué, ou d'autres fois aussi large que les élytres. — Véritables ailes souvent nulles. — Pieds marcheurs. — Appendice aux cuisses postérieures.

Larve allongée, vermiforme, munie de six pattes et de mandibules robustes.

Ces insectes habitent de préférence les lieux obscurs, le dessous des pierres, les bois. Plusieurs sont lucifuges, et tous carnassiers.

---

* Carabe, *Carabus* ; Linné. (Καραβος, employé par Aristote pour désigner la Langouste ou un autre Crustacé.) Tribu des *Carabiques* de M. Latreille ; partie de la famille des *Carnassiers* ou *Créophages* (Κρεῶς, chair ; φαγος, mangeur) de M. Duméril et de celle des *Carabiens* de M. de Lamarc ; les *Carabiques* de M. Dejean.

Lettre Vingt-troisième.

LES CARABES.

Vous allez rire sans doute de me voir attaquer une réputation qui depuis plus de quatre siècles brille du même éclat ; cependant

> Que de noms, à certaine époque,
> Fameux par leur célébrité,
> N'ont point vu la postérité
> Détruire leur gloire équivoque !

D'ailleurs je me crois forcé de rendre justice à qui mérite ; si je restais à ce sujet dans un silence coupable,

> Tous les siècles passés m'en demanderaient compte.

J'en suis donc bien fâché pour feu Barthold Schwartz, mais je ne puis plus le regarder comme le véritable inventeur de la poudre, ni lui laisser l'honneur de ces tubes meurtriers qui ont changé la face des combats en portant dans leur sein la terreur et la mort.

Cependant, pour ne point me prendre de querelle avec ses partisans, je vais vous apprendre comment le hasard m'a peut-être fourni l'occasion d'enlever à ce moine célèbre une gloire que le hasard seul aussi lui avait fait acquérir.

J'étais assis sur la lisière d'un bois de pins, lorsque mes regards, habitués à se porter sur les moindres objets qui peuvent exciter ma curiosité, s'arrêtèrent sur un Carabe [1] de grande taille qui errait à mes côtés. Soit paresse de me lever pour m'en emparer, soit que je sentisse le désir d'observer quelques instans ses démarches; semblable au Chat qui parfois joue avec la souris qu'il a attrapée, je lui laissais sa liberté, que la proximité où il se trouvait de moi mettait à ma discrétion. J'étais donc à le suivre avec attention, lorsque je le vis, comme un Chien courant, lever un petit animal de la même famille, et lui donner vivement la chasse. C'en est fait de ce nouveau Lièvre, pensai-je en moi-même, il ne pourra jamais se soustraire à l'avidité de celui qui le poursuit! A peine avais-je achevé cette réflexion, qu'une bordée semblable à plusieurs petits coups de fusils se fait entendre; j'ouvre de gros yeux et n'aperçois qu'une fumée bleuâtre, presque sem-

---

[1] *Carabe sycophante*, Linné.

blable à celle qui sort des armes à feu. Ne rêvé-je
point? me disais-je; serait-il possible que ces faibles
créatures connussent aussi l'effet meurtrier du sal-
pêtre uni au charbon? D'un œil inquiet je regardais
si la victime était tombée sous les coups, et quel
ne fut point mon étonnement de voir au contraire
le prétendu chasseur, effrayé, fuir au bruit de nouvelles détonations souterraines qui accompagnaient
sa retraite honteuse. J'imaginai que peut-être c'était
un poste placé dans le voisinage qui, ayant entendu
le signal de la sentinelle, répondait, par des dé-
charges, qu'il était sur le qui vive. Je trouvai en
effet, en levant une pierre, plusieurs de ces petits
bombardiers qui se sauvèrent chacun de leur côté,
en faisant sortir avec explosion de leur anus un liquide qui s'exhalait en vapeur.

Surpris au dernier point, j'arrêtai un de ces petits
pétards vivans, qui en repétant sept ou huit fois de
suite son opération dans mes doigts, en noircit et
brûla l'épiderme par la force corrosive de sa mitraille
fulminante [1].

Je n'avais cependant pas perdu de vue le géant
qui était venu attaquer cette tribu de canonniers :
son corselet d'un noir violet, ses élytres où l'or et
l'émeraude le disputaient de richesse et d'éclat, atti-

---

[1] Rolander, *Mémoires de l'académie de Stockholm*, p. 292, tab. 7, f. 2; et
sur une autre espèce du même genre M. Léon Dufour, *Annales du Muséum
d'hist. nat.*, t. 18, p. 70. — *Bulletin de la société philomatique*, 1812.

raient toujours sur lui mes regards curieux. En fuyant un terrain où sa force avait échoué contre la bravoure d'un être infiniment plus faible, il avait grimpé sur un arbre peu élevé dont il suivait avec agilité les rameaux, lorsqu'un de ces nids que construisent des chenilles qui aiment à vivre en société, se présenta devant ses pas. Le sycophante alors, au lieu de brusquer l'entrée de la retraite de ces recluses, s'approche d'un air benin, y pénètre sans bruit, et n'en ressort qu'en emportant entre ses tenailles aiguës une des malheureuses qui l'avaient reçu parmi elles.

> Combien ne voit-on pas chez nous
> De ces Caméléons que nous devrions proscrire ?
> Singes adulateurs, aux regards faux, mais doux,
> Qui dans notre maison cherchent à s'introduire,
> Se disent nos amis, se plaisent à nos goûts,
> Pour avoir sur nos cœurs un plus puissant empire,
> Et dont la langue de vampire
> En secret tente par ses coups
> A nous déchirer, nous détruire !

Le scélérat, au reste, n'agissait que d'après des habitudes qu'il tenait de son enfance ; car, sous la forme de larve, il recherche avec avidité ces retraites solitaires, où il fait, aux dépens de ses hôtes, les repas les plus somptueux et les plus dissolus. Mais il arrive souvent qu'il trouve dans ses propres excès la punition de ses crimes : lorsqu'il s'est tellement repu de ces confiantes Chenilles, que son corps semble prêt à éclater, quelques jeunes vers, même de sa propre espèce, craignant pour eux le sort des autres victimes, attaquent ce nouvel Holopherne, dans l'état d'impuissance où l'a réduit sa gloutonnerie, et en délivrent sans peine la cité où il régnait en vainqueur [1].

J'aurais à vous entretenir bien longuement si je voulais faire passer en revue devant vous une faible partie des insectes de cette famille, une des plus nombreuses de l'Entomologie; je me bornerai à vous rappeler cet individu aux pieds agiles, au corps doré, connu assez généralement sous le nom de *Jardinier,* et qu'on trouve fréquemment dans nos potagers, qu'il purge des petits animaux auxquels il fait la guerre. On lui pardonnerait volontiers ce genre de vie, s'il ne s'attaquait aussi à nos fruits, surtout à nos fraises, que leur proximité de la terre met plus facilement à sa portée. Je l'ai surpris quelquefois à ce genre d'occupation, quoiqu'il entre moins dans ses goûts de se contenter d'une nourriture aussi maigre, et qu'il choisisse de préférence la nuit pour se livrer à ses habitudes carnassières; pendant le reste du temps il se cache, ainsi que ses congénères, sous les pierres, parmi la mousse, ou dans les endroits obscurs.

> C'est là qu'ils fixent leur séjour
> Et qu'ils passent leur vie entière;

---

[1] *Mémoires de Réaumur*, t. 2, p. 455.

Ceux dont les actions redoutent le grand jour
Sont ennemis de la lumière.

Ils sont en effet tous méchans, se déchirant et se dévorant entre eux, cherchant à pincer les doigts de celui qui les saisit, ou à les empester par l'odeur fétide et pénétrante d'une liqueur noirâtre qu'ils font sortir de leur bouche ou de l'extrémité de leur corps.

Plusieurs savans ont pensé que les Carabes sont les insectes dangereux que les anciens avaient appelé Buprestes, et qu'il était défendu aux empiriques, par les lois romaines, de donner à l'intérieur [1]. Cependant les docteurs de l'antiquité s'en servaient dans plusieurs maladies où aurait pu être employée la Cantharide, dont ils trouvaient que ces petits animaux avaient les propriétés affaiblies [2].

Les Carabes, en général, sont dépourvus d'ailes, mais courent en revanche avec une agilité étonnante; plusieurs cependant, surtout les petites espèces, sont munis des organes du vol, et peuvent (quoiqu'ils le fassent rarement) se rendre, au gré de leurs vœux, dans les lieux qui flattent leurs désirs.

Ah! si l'homme pouvait de même,
Vers l'objet qu'il chérit aller en un moment,
Vous me verriez, guidé par un plaisir extrême,
Vers vous arriver promptement :

---

1 Mouffet, *Theat. ins.*, p. 142.
2 Elien, *Hist. des an.*, l. 4, c. 49.

A vous plaire alors constamment
Je mettrais mon bonheur suprême,
Et toujours.... mais, hélas! il n'en est point ainsi,
Telle félicité n'est point en mon partage;
Vous avez fui ces lieux, je suis encor ici,
Et mon cœur vous a seul suivi dans le voyage.

Les Cicindèles.[*]

Corps oblong ; élytres dures ; corselet mutique ; sternum non terminé en pointe ; appendice aux cuisses postérieures ; corselet plus étroit que les élytres et que la tête.

Caractères. Antennes filiformes, ordinairement de la longueur du corselet. — Tête plus large que le corselet. — Yeux globuleux saillans. — Mandibules longues et dentelées. — Six palpes. — Corps oblong ou allongé. — Pieds coureurs. — Appendice aux cuisses postérieures.

Larve longue, cylindrique, à six pattes, à mandibules longues ; dos pourvu d'un mamelon.

L'insecte parfait erre dans les lieux sablonneux, secs et exposés au soleil.

---

* Cicindèle, Cicindela, Linné. (Nom employé par les anciens pour désigner un insecte brillant.) Tribu des Cicindélètes de M. Latreille ; partie de la famille des Carnassiers de M. Duméril et de celle des Carabiens de M. de Lamarck.

Lettre Vingt-quatrième.

LES CICINDÈLES.

> Vraiment, à voir combien fourmille
> L'espèce des mauvaises gens,
> On dirait qu'ici-bas la race des méchans
> Forme la plus grande famille !

Le bon Panglosse, qui connaissait toutes les noirceurs dont les hommes sont capables, soutenait néanmoins que tout était pour le mieux dans le monde; quelque hardie que semble cette opinion, qui a trouvé plus d'un contradicteur, je vous avoue que, tout balancé, je me sens assez disposé à l'adopter pour la mienne. Je me dis en effet, lorsque je vois de ces êtres qui ne semblent nés que pour nuire à la félicité des autres :

> Si l'on pouvait, sans trouble et sans ennuis,
> Couler ses jours au sein de ses amis,
> Sans sentir les traits de l'envie ;

> Lorsqu'il faudrait quitter un jour
> Ce monde-ci pour un autre séjour,
> Peut-être avec regret on laisserait la vie !

Il me sera bien moins difficile de vous démontrer que s'il se trouve des insectes féroces et destructeurs, c'est encore pour notre plus grand bien. S'i n'existait point, en effet, de ces races destinées à réfréner la trop grande multiplication des autres, nos récoltes et nos propriétés seraient bientôt entièrement ravagées par les myriades incalculables de ces petits animaux; mais, grâce à la prévoyance de la Nature,

> Ces réformateurs clandestins,
> Des êtres trop nombreux débarrassent la terre,
> Comme chez nous la famine, la guerre,
> La peste ou bien.... les médecins.

Les Cicindèles, dont je veux vous faire connaître les mœurs, ne sont pas les moins empressés à remplir la mission cruelle dont elles sont chargées; et, comme si le génie du mal communiquait, dès leur naissance, son esprit à ceux qu'il anime, elles savent, dès leur sortie de l'œuf, fouir la terre avec leurs pattes, la transporter au loin avec leur tête qui leur sert de hotte, et se préparer bientôt un logement. Elles se creusent ainsi un trou perpendiculaire, semblable à un tuyau de plume, et qui a quelquefois jusqu'à dix-huit pouces de profondeur. Il faut vous dire que le petit habitant qui s'y loge est muni, sur un des derniers anneaux de son corps, de deux mamelons garnis de crochets, au moyen desquels il peut, dans cette retraite tubiforme, se cramponner et s'arrêter selon son bon plaisir, comme un petit Savoyard dans une cheminée.

Grâce à ce secours, il se place à l'ouverture de sa galerie verticale, dont sa tête bouche l'entrée à fleur du sol; ses mâchoires sont redressées et entr'ouvertes, et tout son corps reste dans une immobilité trompeuse, souvent funeste aux petits insectes qui parcourent ces lieux; car dans ces plaines sablonneuses, aussi dangereuses pour la Fourmi ou le Carabe que les déserts de l'Afrique pour le voyageur, si un de ces petits animaux vient à marcher par mégarde sur ce terrain vivant, la larve, si elle ne le peut saisir avec ses dents, le fait tomber dans son repaire, en enfonçant subitement sa tête comme une trappe, ou même, au besoin, s'élance sur sa proie avec la férocité du Tigre, et l'entraîne au fond de son charnier, où elle la dévore sans pitié [1].

Au bout d'un certain temps, lorsqu'elle s'est assez engraissée du sang des malheureux pour être parvenue à la grosseur qu'elle doit acquérir, elle ferme l'entrée de son habitation, s'y renferme comme un limaçon dans sa coquille, et n'en sort, sous sa dernière forme, que pour aller, plus audacieuse et non moins méchante, attaquer de plein jour sur les

---

[1] Geoffroy, *Hist. des ins.*, t. 1, p. 140. — Desmarets fils, *Société philom.*, bul. t. 3, p. 197.

grands chemins, ceux qui ne peuvent lui résister,
et les déchirer avec ses tenailles aux dents aiguës.

Ces insectes se trouvent communément, pendant
les chaleurs, dans les lieux secs et arides; on les
découvre bientôt à leur activité inquiète, et surtout
à leur corps brillant des couleurs les plus jolies,
ordinairement semblable à un manteau de velours
vert chamarré de points et de broderies d'or. Lorsqu'on les prend, ils exhalent une odeur de rose fort
agréable; mais il est difficile de les attrapper, car
lorsqu'on croit les tenir, ils déploient agilement
leurs ailes, et vont se poser à quelques pas pour
échapper encore à la main qui les y poursuit.

> Du bonheur n'est-ce pas l'image ?
> Plus on tente souvent de le pouvoir saisir,
> Et plus le fripon semble fuir
> Qui le recherche davantage !

Cependant ce dieu que tant de personnes s'effor-
cent d'atteindre, oublie lui-même sa légèreté lorsqu'il trouve un séjour qui lui plaît. L'exemple de
Philémon et Baucis suffirait pour le prouver, si
l'on ne voyait encore de nos jours le même prodige
se renouveler dans les hameaux éloignés des villes,
et où les mœurs des cours n'ont point pénétré.

> Même, soit dit sans me flatter,
> Chez moi je serais sûr de le voir se gîter,
> En dépit de son goût volage,
> Si, secondant mes vœux secrets,
> Vous choisissiez mon hermitage
> Pour vous y fixer à jamais.

Les Taupins[*]

Corps allongé, aplati ; élytres dures ; corselet à angles postérieurs saillans ; sternum avancé presque sous la bouche , et son extrémité postérieure s'enfonçant dans une cavité.

Caractères. Antennes filiformes , en scie ou en panache , de la longueur du corselet. — Mandibules échancrées à leur sommet. — Corps allongé , elliptique ou linéaire , déprimé. — Pieds en partie contractiles. — Tarses à articles entiers.

Larve presque cylindrique , pourvue de six pattes, de deux petites antennes et d'un mamelon au dernier anneau, qui lui sert à marcher.

Ces insectes habitent dans leur enfance le tan et le bois mort, et se trouvent sur les plantes dans leur dernier état.

---

[*] Taupin (de Notopeda, _pieds placés sur le dos_) _Elater_ (Ελατερ , qui frappe); Linné. Tribu des _Elatérides_ de M. Latreille ; partie de la famille des _Buprestiens_ de M. de Lamarck et de celle des _Thoraciques_ de M. Duméril.

Lettre Vingt-cinquième.

LES TAUPINS.

Attendez-vous à des merveilles :
Je veux, par des récits nouveaux,
Enchanter encor vos oreilles,
Et vous tracer quelques tableaux
De ce bon peuple d'animaux
Dont l'histoire toujours abonde
En faits rares et surprenans ;
Cette étude, en plaisir féconde,
Offre chaque jours aux savans
Des aventures curieuses
Et des traits de mœurs étonnans
De ces tribus industrieuses ;
Mais ces messieurs par trop discrets,
Et réservés outre mesure,
N'écrivent qu'en leur langue obscure
Ces jolis et plaisans sujets,
Pour nous taire ainsi les secrets
Qu'ils arrachent à la Nature.

Auriez-vous jamais cru, par exemple, que quelques insectes fussent capables d'opérer des petites manœuvres, comme on est parvenu à en faire exécuter à des chiens et autres animaux que l'art a rendu savans? vous allez donc bien vous divertir avec les rusés que je vous envoie; ce sont, dans leur genre, de véritables prodiges : ils savent au moindre toucher replier leurs pattes contre leur ventre, ranger leurs antennes dans une rainure destinée à les cacher, et contrefaire les morts le plus naturellement du monde. Ce n'est pas tout : placez-les sur le dos, ils s'élèveront en l'air par un saut de carpe, comme nos baladins dont le public admire les tours de force et d'adresse.

Sans doute, si la Nature n'eût mis des bornes à leur instinct ou leur esprit, ils eussent, ainsi que l'homme, fait des progrès immenses ; mais cette bonne mère, qui a placé sur eux un vaste éteignoir, ne permet aux petits que d'acquérir tout juste les connaissances qu'avaient les parens, en leur conservant toutefois tout le génie des derniers. C'en est assez néanmoins, vous le voyez, pour qu'ils soient encore capables d'exciter notre surprise, et de nous rendre leurs mœurs dignes d'être connues.

Il faut vous avouer cependant qu'ils seraient bien embarrassés s'ils n'avaient reçus les moyens de s'élever par ressort pour prendre leur position habituelle, une fois qu'ils l'ont perdue ; car leurs pieds sont si courts, et la forme de leur corps leur prête si peu la faculté de se retourner, qu'ils courraient risque de rester quelquefois fort long-temps dans cette posture. C'est donc uniquement pour leur éviter un embarras qui pourrait souvent leur être funeste, que la Nature leur a donné la facilité de faire ces soubresauts qu'on admire en eux. Pour les exécuter, ils rapprochent vivement de leur ventre la tête et le corselet qui étaient renversés vers le plan de position, font ainsi rentrer avec force la pointe de leur sternum, qui retombe comme un ressort dans une cavité placée à la poitrine, et, par cet effort, le dessus de leur corps frappant avec violence le terrain sur lequel il est placé, s'élève dans les airs par un mouvement élastique.

Si dans leur chute ils n'ont pas changé de situation, ils répètent cette petite manœuvre jusqu'à ce qu'ils soient remis sur leurs pieds.

Ils s'élancent ainsi quelquefois à une hauteur dix ou douze fois plus grande que la longueur de leur corps, mais vous concevez que la force de ce saut varie suivant la solidité du terrain sur lequel ils s'exercent.

Les Taupins, sous leur première forme, sont presque cylindriques, allongés, pourvus de six pieds et de mâchoires pour briser le bois, le tan, ou le terreau dont ils se nourrissent généralement. On accuse une espèce de cette famille de s'attaquer aux racines de nos blés, et de nous faire ainsi beaucoup de dégâts; mais sous leur dernier état ils ne quittent plus les gazons, les tiges des graminées ou le sommet des fleurs, d'où ils se laissent tomber sitôt qu'on les approche.

Quelle ruse dans un si faible animal! quelle prévoyance pour éviter le danger!

> Si l'homme était doué de prudence semblable,
> De l'Amour il pourrait déjouer les projets;
> Le fripon serait incapable
> De l'attraper dans ses filets.

J'allais terminer ma lettre sans vous parler du fameux Taupin *Cucujo* de l'Amérique-Méridionale; quoiqu'il soit étranger à nos pays, il est si remarquable par les propriétés qu'il possède, que je me crois obligé de vous le faire connaître.

Tout son corps est phosphorique; la lumière cependant ne s'échappe, comme dans une lanterne sourde, que par deux yeux ou taches rondes placées de chaque côté du corselet, et, ce que vous auriez peine à croire, elle est si forte qu'elle permet de lire l'écriture la plus fine, surtout si l'on réunit plusieurs insectes dans le même bocal. Les Indiens ne se servent pas d'autres flambeaux dans leurs courses nocturnes [1]; ils les attachent à leur chaussure ou à leur poitrine, et marchent environnés de leur douce lueur. Le jeune homme les offre à la beauté qui le tient en servage [2]; les femmes emploient ces lampes

----

[1] Brown, *The civil and natural history of Jamaica*, 1756.

[2] Dans une pièce élégiaque adressée à Dsirika, on lit ce vers :

> Schneich-boo Dsirika chachaben.

qui selon le traducteur signifie :

« Je coudrai des vers vivans en bague pour orner ses doigts et ses orteils. »
Journal des voyages, t. 24, p. 283 et suiv.

économiques pour faire leur ouvrage, ou placent ces petits animaux dans leur coiffure, pour pouvoir, dans leurs promenades du soir, captiver les regards par cet éclat.

Adieu, Julie : vous à qui la Nature a prodigué toutes ses faveurs, et qu'elle a comblé de ses dons les plus rares,

> Gardez-vous de porter envie
> A ces frivoles ornemens
> Qu'emprunte la coquetterie
> Pour se donner mille agrémens;
> A toute parure étrangère
> Il n'est besoin d'avoir recours;
> Toujours saurez sans ce secours
> Briller à nos yeux et nous plaire.

Les Richards.*

Corps ovale ou obtus ; élytres dures ; corselet à angles ordinairement non prolongés en arrière; sternum s'avançant sous la bouche, et son extrémité postérieure terminée par une pointe toujours
découverte.

Caractères. Antennes courtes, en scie. — Tête engagée dans le
corselet. — Corps généralement tronqué en devant, et rétréci
vers la pointe du ventre. — Pénultième article des tarses bifides
dans le plus grand nombre.

Ces insectes se trouvent sur les plantes.

---

* Richard; Geoffroy. (A cause de la beauté de leurs couleurs.) *Buprestis* ;
Linné. (Βους , bœuf; πρηστης, renflement.) Tribu des *Buprestides* de
M. Latreille; partie de la famille des *Thoraciques* de M. Duméril, et de celle
des *Buprestiens* de M. de Lamarck.

Lettre Vingt-sixième.

LES RICHARDS.

Quelle beauté, quelle magnificence
Dans les œuvres du Créateur !
Tout nous atteste sa grandeur
Et nous dévoile sa puissance !
Et l'on voudrait que ce monde enchanteur
Au hasard dût son existence ?...
Mortel qui soutiens cette erreur,
Expliques-nous quelle est l'intelligence
Qui préside à cet univers ;
Dis-nous qui des oiseaux anima les concerts,
Couronna les bois de feuillages.
Et sut emprisonner les mers
Par d'insurmontables rivages ?...

Mais, sans un Dieu, comment expliquer tant d'œuvres admirables ? quelle autre main qu'une main divine eût formé avec tant d'habileté et orné de couleurs si brillantes, les animaux nombreux que nous observons ? chaque famille d'insectes nous étonne souvent par la magnificence avec laquelle sont vêtues quelques espèces ; mais aucun genre n'égale l'éclat de celui des Richards, où l'or, l'émeraude et l'azur semblent avoir été prodigués pour former la parure de la plupart des individus qu'il renferme.

C'est cette particularité remarquable qui leur a mérité dans notre langue le nom qu'ils portent.

> Car le Français, peuple volage,
> Ami de la frivolité,
> A la beauté rend un hommage,
> Comme à suprême déité.
> Devant elle tout cède et plie....
> Que dis-je?... ô vous qui connaissez nos goûts,
> Vous devant qui notre orgueil s'humilie,
> Sexe charmant, qui le sait mieux que vous ?

Les anciens, au contraire, plus séduits par les choses utiles, ayant cru remarquer, mais à tort, dans quelques-uns de ces petits animaux, la propriété de faire enfler les bœufs qui avaient le malheur de les avaler, leur avaient donné le nom de *Bupreste*, qui n'a point prévalu parmi nous.

Amis des pays chauds, les Richards habitent plus particulièrement ces climats brûlans où le soleil semble peindre de ses couleurs les insectes sur lesquels il lance ses feux; cependant plusieurs ne dédaignent pas nos campagnes; dans les jours secs du printemps et de l'été, ils viennent peupler nos forêts, voltiger sur les fleurs de nos prairies, et, au

14

moindre danger, prendre leur essor avec une agilité incroyable, ou échapper à celui qui les guette en se laissant tomber de feuille en feuille et se perdant dans la poussière.

J'ai ouï raconter à ce sujet une aventure fort curieuse à un voyageur qui avait parcouru les diverses contrées que baigne la mer des Indes.

Arrivé au cap de Bonne-Espérance, il aperçut un jour un arbrisseau couvert d'une telle quantité de Richards, qu'il crut avoir abordé le jardin des Hespérides, ou plutôt un pays plus merveilleux encore, où les végétaux semblaient produire à l'envi ce métal précieux dont les hommes sont si avides; mais à peine étendait-il le bras vers ces fleurs d'or, qu'elles se détachaient à ses yeux étonnés, comme, après un orage, Zéphyre fait tomber les gouttelettes de pluie qui pendent encore aux arbres. Sa main, semblable à la baguette magique du docteur P. Recio de Aguero, les faisait disparaître à son approche; ce n'est qu'en cherchant dans le gazon qui était à ses pieds, qu'il aperçut les objets qui avaient causé son étonnement.

Les femelles des Richards sont armées d'une tarière pour déposer leurs œufs dans nos bois, où vivent, dans leur enfance, ces petits animaux qui, parvenus à leur dernière forme, habitent également nos chantiers et nos jardins.

Je vous envoie pour échantillon le Richard *nitidule*, d'un vert doré, que j'ai trouvé au sein d'une fleur. Adieu :

L'insecte que je vous adresse,
Remarquable à beaucoup d'égards,
Va recevoir mainte caresse,
Et captiver tous vos regards :
Cent fois plus heureux que son maître,
Il jouira du sort si doux
De vous voir chaque jour peut-être,
Et d'habiter auprès de vous.
A son destin je porte envie,
Et je changerais, de bon cœur,
Une semaine de ma vie
Contre une heure de son bonheur.

Les Cébrions. *

*Corps ovale ou oblong, arqué ou bombé en dessus; élytres molles,
flexibles; sternum ne s'avançant pas sous la tête; corselet parfois anguleux.*

Caractères. Antennes filiformes, en scie ou en panache. — Tête
enfoncée dans le corselet. — Palpes maxillaires, pas plus gros à
leur extrémité. — Corselet ordinairement plus large postérieurement, quelquefois terminé par des angles saillans et pointus. —
Tarses entiers ou à articles bilobés.

Ces insectes se tiennent en général sur les plantes, dans les
lieux humides.

---

* Cébrion, *Cebrio*, Olivier. (Κεϐρìον , nom employé par Aristophane
pour désigner un oiseau.) Tribu des *Cébrionites* de M. Latreille; partie de la
famille des *Téléphoriens* de M. de Lamarck, et de celle des *Thoraciques* de
M. Duméril.

Lettre Vingt-septième.

***

LES CÉBRIONS.

Quelque attrait que puissent avoir sur notre ame les agrémens extérieurs, si les talens ne viennent leur prêter leur appui, leur empire n'est jamais ni aussi grand, ni aussi durable; et pour ne rien avancer sans preuve, vous, mon amie, qui réunissez au même degré tous ces avantages, vous m'allez servir à confirmer cette opinion.

Si, par exemple, cherchant à vous peindre, je disais :

> La beauté pare son visage,
> La candeur l'embellit toujours,
> Et les Grâces, de son corsage
> Ont dessiné tous les contours.

Sans doute vous feriez naître aussitôt cet intérêt tendre qu'excite une femme jolie; mais si j'ajoutais :

> Mille vertus, à notre hommage,
> Lui donnent bien de nouveaux droits;

Le trône serait à son choix,
S'il se donnait à la plus sage.
Son cœur se peint dans ses discours;
Son esprit y brille sans cesse,
Et d'une grâce enchanteresse
La raison les orne toujours.
Pour mieux exciter notre ivresse,
Tous les talens divers lui prêtent leur secours;
Soit que, sous un pinceau que guident les amours,
Elle rende la vie aux doux présens de Flore;
Soit qu'elle fasse, sous ses doigts,
Résonner sa harpe sonore,
Ou qu'elle y joigne de sa voix
Les sons plus magiques encore;
De son esprit, de ses talens,
Telle est la puissante influence,
Qu'à chaque instant, sans qu'elle y pense,
Elle touche et ravit nos sens.

Oh! chacun alors, plein de l'idée de votre mérite, soupirerait après le bonheur de vous connaître, et porterait envie à ceux qui vivent auprès de vous.

Vous avez sans doute remarqué combien serait moins attrayante l'histoire des petits animaux qui nous occupent, si la variété de leurs mœurs, la diversité de leurs ruses, la fécondité de leur industrie, ne réveillaient en nous, tour à tour, des sentimens de surprise ou d'admiration.

Quel plaisir aurez-vous donc à apprendre qu'il existe dans la Nature, des insectes auxquels les savans ont donné le nom de Cébrion, si je ne puis vous donner aucun détail sur leurs habitudes qui sont inconnues? J'aurai beau vous dire que leurs

antennes sont joliment découpées en dents de scie
ou déployées en panache; que leur corselet est souvent élégamment terminé en pointes épineuses; que
leurs élytres sont ordinairement molles et flexibles, etc. Si leur manière de vivre, leur tendresse
conjugale, leurs soins paternels, n'entrent pour
rien dans ma notice, l'ennui remplacerait bientôt
votre curiosité déçue. Je m'arrête donc, jusqu'à ce
que de nouvelles découvertes me fournissent l'occasion de vous instruire davantage.

Ces insectes se trouvent principalement sur les
plantes, dans les lieux aquatiques; ils sont très-
agiles, s'envolent avec facilité lorsqu'on les veut
saisir, ou échappent, par un saut prodigieux, à la main
qui les poursuit. Quelques-uns se trouvent plus rarement dans les champs; mais on est sûr, après une
pluie d'été de les voir, aux approches de la nuit,
parcourir les airs, pour faire connaître, comme la
colombe du déluge, que le ciel est devenu serein.
Adieu :

> Si quelque jour, près d'un bocage,
> Surpris par des autans affreux,
> Le hasard, sous le même ombrage,
> Nous réunissait tous les deux,
> Je maudirais alors, je gage,
> Tous ces volatiles si prompts
> A venir dans les environs
> Annoncer la fin de l'orage.

Les Lampyres. *

Corps allongé, ordinairement aplati; élytres molles; pénultième article des tarses bilobé.

Caractères. Antennes filiformes, quelquefois presque en scie ou en peigne, plus longues que le corselet. — Tête cachée ou saillante. — Palpes maxillaires plus gros à l'extrémité. — Corselet souvent presque plat, débordant sur les côtés. — Élytres molles, quelquefois raccourcies, ou manquant même chez plusieurs femelles. — Ventre quelquefois plissé en papilles. — Pénultième article des tarses bilobé. — Crochets sans dents ni appendices.

Ces insectes, sous leur dernière forme, se trouvent sur les plantes; plusieurs sont nocturnes, quelques-uns sont phosphoriques.

---

* Lampyre, *Lampyris*, Linné. (Λαμπυρίς, Πυγολαμπίς, Aristote.) Tribu des *Lampyrides* de M. Latreille; partie de la famille des *Mollipennes* de M. Duméril, et de celle des *Téléphoriens* de M. de Lamarck.

Lettre Vingt-huitième.

LAMPYRES.

Vous n'avez peut-être jamais ouï parler d'un phénomène aussi remarquable et aussi étonnant que celui dont j'ai été le témoin l'an dernier :

> C'était à cette époque où le temps nous ramène
>   La plus stérile des saisons,
>   Où les neiges et les glaçons
>   Font au loin resplendir la plaine.

Je gravissais avec quelques amis, à la piste d'un Levraut, une des montagnes assez élevées qui nous entourent, lorsque tout-à-coup, au calme le plus profond, succède un des vents les plus épouvantables que puisse avoir enfanté la Scythie.

> Dans les airs ébranlés il souffle avec fureur ;
> Il pénètre des bois la sombre profondeur,
> S'engouffre dans leurs flancs, et, d'un bruyant murmure,
> Semble d'un deuil prochain menacer la Nature.

L'oiseau silencieux, caché dans le vallon,
A cessé tout-à-coup sa plaintive chanson;
On ne l'aperçoit plus de bocage en bocage,
Voltigeant sur le tronc des arbres sans feuillage;
Tout se tait : nos chiens même, oubliant cette ardeur
Qui s'éveillait en eux à la voix du chasseur,
Abandonnaient leur proie, humiliaient leur tête,
Et tremblans à nos pieds venaient fuir la tempête.
Les sapins cependant sur leur tige élancés,
Bravaient encor l'effort des aquilons glacés;
Sur leur pivot tremblant leurs cimes balancées
Semblaient les flots mouvans des ondes courroucées,
Quand du sein des forêts sort un sourd craquement;
On eût dit le tonnerre en un long roulement.
Aussitôt du côté que l'orage tourmente
Nous tournons nos regards, stupéfaits d'épouvante :
Mille sapins, grands Dieux ! avec un long fracas
Tombaient, et dans leur chute arrachaient en éclats
De leurs voisins brisés les branches mutilées,
Et dispersaient au loin leurs tiges morcelées.

Immobiles de surprise et de frayeur, nous étions à contempler ce spectacle terrible, lorsque tout-à-coup nous fûmes couverts d'une pluie dont je vous défierais de deviner l'essence. Ce n'était ni de l'eau, ni de la grêle, ni de la neige, et je vous le donnerais en cent, que vous ne sortiriez point d'embarras : c'était une pluie d'insectes. Jugez de mon étonnement à la vue de ce phénomène; je ne pouvais en croire à ce que je voyais. En vain, comme Micromégas, je me frottais les yeux pensant être ébloui par un rêve ou par une illusion d'optique; il fallut bien reconnaître que je ne me trompais point, puisque la neige à une assez grande distance, était encore couverte d'une foule de ces petites créatures. Mais d'où pouvaient sortir ces animaux? avaient-ils pris naissance sur notre planète, ou étaient-ils descendus de ce globe argenté qui accompagne sans cesse le nôtre dans sa rotation continuelle? J'aurais sans doute, à la manière des savans, fait sur ce sujet les conjectures les plus bizarres et les plus extravagantes, si, en examinant de près un de ces êtres vivans, je n'avais reconnu à son corps presque cylindrique, allongé, d'un noir mat et velouté, et à ses six pieds jaunâtres, la larve d'une espèce de la famille des Lampyres [1]. Dès-lors, tout le mystère fut expliqué. Je devinai sans peine que ces individus qui, dans leur enfance, se cachent aux pieds des arbres, où ils vivent de lombrics [2] et peut-être de racines [3], avaient été transportés par les vents jusqu'aux lieux où nous étions, à la suite du désastre épouvantable qui avait bouleversé la forêt. Telle est l'origine de ce qu'on appelle *pluies d'insectes*, que les anciens avaient connues, et dont ils rapportaient plusieurs exemples [4], sans pouvoir en expliquer la cause. C'est cette particularité remarquable qui a fait donner à un genre de cette tribu le nom de Téléphore, qui si-

---

[1] La larve du Téléphore *ardoisé*, Olivier.

[2] Suivant de Géer.

[3] Selon Olivier.

[4] *Journal des Savans*, 13 décembre 1677. — De Géer, *Mémoires*.

gnifie, *apporté de loin* ; mais, sous leur dernière forme, ces volatiles n'habitent plus les mêmes retraites: ils hantent alors nos champs ou nos prairies, où on les voit fréquemment au printemps, d'un vol pesant et lourd, se transporter d'une fleur à une autre, ou d'autres fois accrochés aux chaumes du blé ou des graminées, dévorant les mouches qu'ils ont pu saisir.

D'autres espèces qui fréquentent aussi nos prés, quand ils ont subi leur dernière métamorphose, sont soupçonnées de vivre aux dépens de nos bois; on sait du moins qu'ils déposent leurs œufs sous les écorces, et qu'on les y rencontre dans leur premier état.

Aux tiges de nos plantes, on trouve quelquefois des petits œufs sphériques, d'un jaune citrin, qui y sont attachés par l'enduit visqueux qui les recouvre. Ils donnent naissance à ces animaux intéressans, dont les femelles, privées d'ailes, sont connues vulgairement sous le nom de *vers-luisans*. Tant que le soleil darde ses feux brûlans sur la terre, elles vivent obscures aux pieds du buisson qui les cache;

> Mais sitôt que du soir l'étoile paresseuse
> Fait briller dans les airs sa lueur amoureuse,
> Et que la nuit tardive à son char vaporeux
> Attèle à l'orient ses coursiers ténébreux,
> Sur les gazons fleuris où le plaisir l'appelle,
> Se promène bientôt le Lampyre femelle ;
> De ses derniers anneaux sort un feu merveilleux
> Dont l'éclat verdoyant de loin frappe les yeux ;

C'est le flambeau d'hymen que, dans ce moment même,
Allume dans son sein le dieu par qui l'on aime.
A peine son époux des bosquets d'alentour
A-t-il vu la clarté de ce fanal d'amour,
Que, Léandre nouveau, guidé par le mystère,
Il vole vers les lieux où l'attend sa bergère,
Et près desquels il doit, pour prix de son ardeur,
Savourer à longs traits l'ivresse et le bonheur.

Cette matière lumineuse si remarquable, et qui brille[1] à travers les tégumens qui recouvrent les trois derniers anneaux du ventre, a été le sujet de beaucoup d'expériences. On s'est assuré qu'elle jetait une clarté d'autant plus vive, qu'elle est dans un état de mollesse plus grand. Ainsi, même après la mort de l'insecte, on peut lui rendre son éclat en plongeant l'animal dans de l'eau tiède.

O fécondité inépuisable de la Providence! elle attache au corps même de ces créatures faibles des télégraphes nocturnes dont les signaux sont pour elles l'annonce du plaisir, et pour l'homme le spectacle le plus surprenant. C'est surtout en Italie et dans les climats chauds qu'il faut admirer ces merveilleuses illuminations. Dans ces régions en effet où les femelles de ces volatiles jouissent ainsi que les mâles de la propriété d'être ailées, où le soleil donne à la nature plus d'énergie, et semble communiquer son feu à tout ce qui respire; on voit ces

---

[1] Carradori prétend que ces insectes brillent à volonté dans chaque point de leur ventre.

Lucioles nombreuses s'élancer dans les airs en gerbes de feu, en fusées étincelantes; les parcourir en tous sens comme des dragons enflammés, ou imiter, en redescendant vers la terre, la clarté scintillante d'une étoile qui tombe.

En vous traçant l'histoire des Lampyres, j'ai voulu, à l'exemple d'un naturaliste qui a illustré votre sexe [1], ne point employer d'autre flambeau que le leur. Si cette narration n'est point parée de ce coloris frais que vous auriez peut-être désiré y trouver, pardonnez en faveur de la science qui jette nécessairement quelque aridité sur les objets qu'elle touche. Quand vous me permettrez d'effleurer un autre sujet, mon style sera indubitablement plus vif et plus animé.

> Mon cœur, dans ce doux entretien,
> M'inspirerait plus d'un volume;
> Or, quand il guide notre plume,
> On écrit toujours assez bien.

---

[1] Mademoiselle Sibille Mérian.

Les Malachies [*].

Corps déprimé ; élytres molles ; sternum ne s'avançant pas sous la tête ; articles des tarses entiers.

Caractères. Antennes filiformes, un peu en scie, de la longueur du corselet ou plus longues. — Tête recouverte seulement à sa base par le corselet. — Corps oblong. — Articles des tarses entiers ; crochets unidentés.

Ces insectes se trouvent sur les fleurs : leur démarche est lente, mais leur vol agile.

---

* Malachie, *Malachius*, Fabricius. Étym. (Μαλαχος, mou.) Tribu des *Mélyrides* de M. Latreille ; partie de la famille des *Mollipennes* ou *Apalytres* (Απλος, molle ; ελυτρον, étui) de M. Duméril, et de celle des *Mélyrides* de M. de Lamarck.

Lettre Vingt-neuvième.

LES MALACHIES.

Vainement au sein de la ville
Suis-je quelquefois transplanté,
Le plaisir et la liberté
Me rappellent dans cet asile,
Où mon existence tranquille
Coule dans la félicité.
Eh! quelle retraite plus chère
Pourrait sourire à mes désirs!
C'est là, que dans un doux rien-faire,
Caressé par mainte chimère,
J'enchante mes heureux loisirs;
C'est là, que dans la solitude,
Au sein des arts et de l'étude,
J'offre mon culte aux doctes sœurs;
C'est là que l'hymen, je l'espère,
Doit à celle qui sait me plaire
M'unir par des liens de fleurs.
Bois, couronnez-moi de feuillages;
Bosquets, prêtez-moi vos ombrages;
Vallons, offrez-moi votre paix!
Mais vous, surtout, soyez discrets,

Echos, qui bornez la prairie,
Laissez-moi dans ces lieux secrets
Cacher un sort digne d'envie,
Et, pour toujours, selon mes goûts,
Paisiblement couler ma vie,
Éloigné des regards jaloux.

Mais, pardon, mon aimable amie,
Si, trompé par des vœux trop doux,
A causer ainsi je m'oublie :
Je croyais déjà près de vous
Réaliser ma rêverie.

C'est ainsi que, souvent, lorsque je vais vous écrire, les idées favorites dont je me berce sans cesse viennent, en vous rappelant à mon souvenir, me distraire du véritable objet de mes leçons ; je me hâte donc de reprendre l'histoire des petits animaux qui ont su vous intéresser.

On a donné le nom de *Malachie* aux jolis insectes parés ordinairement d'un manteau vert ou noir bronzés, et distingués d'une manière toute particulière par la mollesse de leur corps et la flexibilité de leurs étuis.

Joyeux messagers des beaux jours, ils viennent chaque année, sur les ailes des premiers zéphyrs, annoncer le triomphe du printemps sur l'hiver. Dès que Flore émaille la terre des dons répandus de sa corbeille parfumée, on les voit voltiger sur les corymbes de la Mille-feuille, se reposer sur les ombelles du Panais, ou sucer la liqueur mielleuse que renferme le Pissenlit. Il faut vous dire pourtant

qu'ils ne se contentent pas toujours d'une nourriture si frugale; on en a surpris plusieurs dévorant
d'autres petits volatiles, et donnant l'exemple d'une
férocité qu'on croirait incompatible avec leur beauté
et leur douceur apparente.

Plusieurs de ces insectes n'offrent à la main qui
les saisit qu'une résignation qui intéresse en leur
faveur; d'autres, au contraire, emploient un moyen
de défense qui n'a rien d'effrayant pour l'Entomologiste, mais qui peut intimider celui qui n'est point
familiarisé avec leur merveilleuse industrie. A peine
sont-ils touchés, qu'ils font sortir de chaque côté
de leur ventre et de leur corselet, deux vésicules
renflées, molles, et qui se divisent en trois branches :
tant que l'animal est au pouvoir des doigts qui le
captivent, il conserve ces démonstrations hostiles;
mais dès qu'on le rend à la liberté, il fait rentrer
dans son corps ces appendices singuliers, qui ne
laissent voir en disparaissant qu'une tache d'un
rouge brillant d'écarlate.

On a donné à ces organes remarquables le nom
de *cocardes*, par la ressemblance qu'ils ont avec ces
nœuds de rubans dont la variété sert à distinguer
les diverses nations, et qui ont souvent, chez le
même peuple, fait couler des ruisseaux de sang et
verser des torrens de larmes. Mais, je m'arrête, pour
ne point réveiller en vous le triste souvenir des factions qui ont tour à tour divisé notre belle patrie....
Trop jeune pour avoir entendu de près les sinistres

sifflemens des serpens de la discorde, trop ami de
la retraite pour avoir jamais à redouter leurs fureurs,
je ne forme dans ma solitude d'autres vœux que
celui de suivre vos lois et de m'attacher à vous
sous les enseignes de l'hyménée.

> Adieu : si j'obtenais un semblable bonheur,
> L'amour voudrait, en vain, par un conseil trompeur,
> Sous un drapeau rival m'engager loin du vôtre,
>   Jamais (ah ! croyez-en mon cœur),
>   Jamais je n'en suivrais un autre.

Les Clairons [*]

Corps subcylindrique ; corselet sans pointes épineuses ; tête engagée dans le corselet ; article des tarses bilobés.

Caractères. Antennes en fil ou grossissant insensiblement, quelquefois même terminées en massue. — Yeux souvent échancrés près de la base des antennes. — Corps allongé, quelquefois velu. — Tarses n'offrant que quatre articles visibles dans plusieurs (le premier étant très-court). — Pénultième article bilobé.

Ces insectes, sous leur dernière forme, se trouvent sur les fleurs ; mais leurs larves dévorent des insectes vivans ou rongent des matières animales.

---

[*] Clairon, *Clerus ;* Geoffroy. (Κλῆρος, insecte nuisible aux Abeilles. Arist.). Tribu des *Clairones* de M. Latreille ; partie de la famille des *Cylindriformes* de M. Duméril, et de celle des *Mélyrides* de M. de Lamarck.

Lettre Trentième.

LES CLAIRONS.

Quand je ne me serais jamais livré à l'étude de la Nature, quand je n'aurais jamais cherché à pénétrer ses secrets, il me suffirait, je crois, de jouir des beautés qu'elle déploie à l'approche des beaux jours, d'être témoin de ce spectacle, qu'on ne peut voir sans être ému, pour sentir mon inclination fixée ; mais observateur par goût et par l'obligation que j'ai contractée de vous faire connaître une partie de ses merveilles, vous sentez avec quelle ardeur je me livre à cette jouissance : aussi,

> Dans ces jours où le doux printemps
> Tapisse de fleurs les campagnes
> Et vient rendre la vie aux champs,
> Je parcours nos bois, nos montagnes,
> Et, pour utiliser mon temps,
> Je m'arme d'un filet d'une gaze légère,
> Et fais, en cheminant, la guerre

A des insectes innocens,

Qu'un hasard malheureux plaça sur mon passage.

Quelquefois, arrêté dans mon petit voyage

Par le soleil ou la chaleur,

Je cherche un arbre protecteur

Qui puisse m'offrir son ombrage;

Auprès d'un saule je m'assieds :

J'y trouve un sofa de verdure ;

Le ruisseau qui coule à mes pieds

M'entretient de son doux murmure;

Delille ou Bernardin, ces deux auteurs chéris,

Dont j'aime à faire ma lecture,

Savent par leurs touchans récits

Enivrer tous mes sens d'une volupté pure,

Et m'attacher par leurs écrits

Au culte heureux de la Nature.

Pénétré souvent d'une émotion qu'ils ont fait naître, je me lève pour parcourir les lieux qui me promettent une chasse lucrative, et je regagne mon logis, en traversant les prairies où une foule d'insectes se joue sans cesse autour des fleurs qui les émaillent.

C'est là que maintes fois j'ai rencontré sur les ombelles blanches du Panais, diverses espèces de la famille des Clairons, gentils insectes, parés, pour l'ordinaire, des couleurs les plus jolies, mais dont l'air doux et l'attitude modeste ne peut faire oublier la férocité. A voir, lorsqu'on les saisit, leur tête baissée, leur corps qui se replie, et qui n'oppose que la résignation à celui qui les touche, on les croirait facilement incapables de nuire; vous dirai-je, cependant, que, dès leur enfance, semblables à de

petits ogres, ils ne vivent que de chair fraîche, et
ne s'engraissent que du sang des autres larves qu'ils
peuvent surprendre?

L'un, ennemi des Abeilles maçonnes, épie le moment où une de ces mères industrieuses s'éloigne
de ces fortifications d'argile qu'elles construisent
avec tant d'art pour la sûreté de leur famille, et
vole en tapinois introduire dans ce même nid ses
semences parasites. L'Abeille, cependant, qui ne se
défie point de semblable trahison, place à son tour
ses œufs dans cette cellule, et en bouche l'entrée;
mais tandis qu'elle l'abandonne, satisfaite des soins
qu'elle a prodigués aux larves qui doivent naître,
le loup cruel, enfermé dans cette bergerie, brise successivement la loge de chacune de ces recluses, et
les dévore sans pitié.

Un autre Clairon qui fait la guerre à nos Abeilles
domestiques, entre furtivement la nuit dans la ruche,
comme Ulysse ou Diomède dans le camp des Troyens,
et y dépose ses germes. Les vers voraces qui en
éclosent se glissent dans les alvéoles, où les citoyens
nouveaux-nés de cette république reposent comme
au berceau, et détruisent clandestinement les générations naissantes de ce peuple laborieux, dont
l'homme non moins avide ne favorise la propaga-
tion que pour s'emparer du fruit de ses travaux.
Parvenu à sa grosseur, ce vers s'enveloppe d'un
voile mystérieux, se change en Nymphe, et sort
ensuite de ces lieux, revêtu d'une cuirasse solide,

capable de le défendre contre les dards acérés qui pourraient le punir de son audace. Mais en s'éloignant du séjour qu'il abandonne, en quittant pour les fleurs les lieux où il vécut avec délices, il se promet d'y revenir placer sa jeune famille, à qui il léguera son appétit carnassier, et qui, comme lui, donnera l'exemple d'une conversion hypocrite.

Quelques espèces de cette famille se rencontrent dans les chantiers, se tiennent cachées dans les vieux bois, ou se retirent sous les écorces des arbres; il paraît néanmoins qu'elles ont les goûts aussi sanguinaires que les autres. On sait qu'une de ces larves qu'on trouve quelquefois errante sur les chênes, ne s'y promène que pour épier les trous où se logent les Vrillettes dans leur enfance, et les aller traîtreusement dévorer chez elles. Ainsi, chez les insectes comme chez nous, le bon ou le faible est toujours la victime du fort ou du méchant, et l'envie et la malice attaquent, par de sourdes menées, celui dont elles espèrent faire une dupe ou qu'elles peuvent détruire!

D'autres Clairons, enfin, ont reçu pour alimens les matières animales desséchées, les animaux morts, et concourent avec tant d'autres insectes à en hâter la destruction. Un de ces derniers va me fournir l'occasion de vous rapporter un fait singulier, qui pourrait faire ajouter un article au chapitre des grands événemens par les petites causes.

Dans ces jours malheureux, dont le crépuscule a

précédé notre naissance, où la France était déchirée par des factions, où la vertu, le génie, la fortune étaient des titres de proscription, le jeune et savant Latreille languissait détenu dans les prisons de Bordeaux, n'ayant en perspective que le sort commun à tous les infortunés qu'on y jetait, lorsqu'une circonstance, qui semblait insignifiante, fit luire pour lui l'aurore d'un avenir plus doux, et éloigna de sa tête la faux de la mort suspendue sur elle; le Clairon *rufficolle*, trouvé sur les murs de sa prison et envoyé à M. Bory de Saint-Vincent, dans un bouchon de liége cacheté, fut l'occasion de sa délivrance! La science fit pour lui ce que n'aurait opéré ni les larmes d'une mère, ni les supplications d'une famille éplorée, et la France conserva un des naturalistes les plus illustres dont elle puisse aujourd'hui s'honorer.

Tel est le pouvoir de cette science enchanteresse! elle nous embrase d'un feu sacré dès qu'on commence à la connaître; elle nous rend chers tous ceux qui lui consacrent leurs momens, et intéresse en notre faveur ceux qui sont voués à son culte.

> C'est à cette étude chérie
> Que je dois depuis bien long-temps
> Et mes plus doux délassemens,
> Et l'oubli des maux de la vie.
> Que dis-je? pendant ces instans
> Où de causer avec vous, mon amie,
> Je goûte quelquefois l'ineffable faveur;
> Je sens, en mon ame ravie,
> Que je lui dois tout mon bonheur.

Les Ptines.*

Corps subcylindrique; corselet sans pointes épineuses; tête engagée dans le corselet; antennes ne grossissant jamais vers le sommet; yeux et tarses entiers.

Caractères. Antennes filiformes, quelquefois en scie ou en panaches. — Tête en grande partie enfoncée dans le corselet. — Corps oblong, subcylindrique. — Etuis durs, recouvrant le ventre. — Articles des tarses entiers.

Ces insectes vivent dans l'intérieur des vieux bois, se trouvent fréquemment dans nos maisons où leurs larves sont un fléau pour les collections d'histoire naturelle, les livres, etc.

---

* Ptine, *Ptinus;* Linné. (πτίσσω, j'écorce.) Tribu des *Ptiniores* de M. Latreille; partie de la famille des *Perce-bois* ou *Térédyles* (Τερηδον, vrille; υλης, bois) de M. Duméril, et celle des *Ptiniens* de M. de Lamarck.

Lettre Trente-unième.

LES PTINES.

A la plus flatteuse apparence,
Non, ce n'est pas moi qui voudrais
Accorder toute confiance ;
Je veux être en tout désormais
D'une méfiance profonde ;
J'ai trop appris à mes dépens
Qu'il ne faut jamais en ce monde,
Sur la mine juger les gens.

Je faisais hier soir ces réflexions, après avoir considéré quelques petits animaux que je trouvais pour la première fois confondus, à mon insu, avec les insectes de ma collection. A leur corps couché sur le côté, leur tête inclinée, leurs pattes contractées, comme s'il n'en restait que des moignons, on aurait juré que ces petits drôles étaient morts depuis longtemps ; mais moi, qui me doutais que cette posture trompeuse n'était qu'une ruse pour éviter le sort qui les menaçait, je me retirai un peu à l'écart, pour voir si, semblables au chasseur du bon La Fontaine, ils ne sortiraient pas de cet état léthargique, dès qu'ils croiraient le danger passé pour eux. Je n'eus que quelques minutes à attendre ; un de ces petits sycophantes étend une patte, puis deux....; enfin, voyant que tout était tranquille autour de lui, il se relève, et court se cacher sous les ailes d'un Papillon. Voilà qui est plaisant, me disais-je ; comment ces insectes ont-ils pu pénétrer jusqu'ici, et quel peut être le but de leur visite ? Viendraient-ils, dangereux étrangers, fonder des colonies aux dépens des animaux que j'y ai placés ? Ils n'ont pas l'air si malfaisans ; cependant, cette poussière, ces débris, qui les a formés ?... ah ! sans doute, s'ils n'en étaient les auteurs, ils ne chercheraient pas avec tant de soin à se soustraire à ma vengeance ! mais je les chasserai de ces lieux, et les vouerai à la mort. Vous devinez que l'exécution suivit de près la sentence. En vain, lorsque je les eus touché, répétèrent-ils les petites singeries que je leur avais vu exécuter ; je ne fus point la dupe de leur hypocrisie ; je fis plus : pour voir combien de temps ils conserveraient cette attitude immobile, j'eus la barbarie de faire subir à l'un d'eux le supplice cruel de la question, en l'exposant à la flamme d'une chandelle. Et..., le croiriez-vous ?.... ce malheureux a bien eu la constance de se laisser brûler à petit feu, plutôt que de donner le moindre signe de vie. Il faut convenir qu'il mérite bien le surnom d'*opiniâtre* que lui ont donné les naturalistes.

D'autres individus s'établissent chez les libraires, où ils vivent aux dépens de leurs hôtes, et, par suite, des épiciers et autres marchands avec lesquels ceux-là sont en relation.

> Ils rongent, percent et ravagent
> Ces livres, ces bouquins nombreux,
> Ornemens éternels des rayons qu'ils ombragent;
> Ces écrits qu'un sort malheureux
> Fit mourir sans voir la lumière;
> Ces ouvrages, enfin, des Cotins de nos jours,
> Dont les feuillets jaunis, pour dernière misère,
> Ne sortent de chez le libraire
> Que pour aller, en petits sacs,
> Ou chez le buraliste, ou chez l'apothicaire,
> Plier la manne ou les tabacs.

Au moins, à ceux-ci, on peut leur souffrir volontiers

> De se passer la fantaisie
> D'user d'un aliment pareil,
> Qui nous procure le sommeil,
> La langueur et la léthargie;

mais je ne puis leur pardonner de s'attaquer aussi à nos poutres, nos solives, et jusqu'à nos meubles les plus précieux, que, dans leur enfance, sous la forme de vers mous, ils perforent en mille endroits, comme si on y avait pratiqué des trous avec une vrille très-fine. Ils se décèlent le jour par la vermoulure qu'ils font sortir, et la nuit même, on les surprend encore à travailler dans leur retraite obscure. N'avez-vous jamais entendu, dans l'horreur des ténèbres, un petit bruit semblable au tac-tac d'une montre, partir d'un côté de votre appartement, et se répéter un instant après du côté opposé? Il est produit par un de ses insectes, dans leur dernier état : il frappe de ses mandibules le bois qui lui sert de retraite, et ce faible son, que Zéphyre se charge de porter aux oreilles de son amie, l'invite à le venir visiter dans son ermitage. Vous jugez qu'elle a bien des choses à objecter à une semblable proposition, et que son sexe ne s'expose pas à voyager ainsi sans de puissans motifs : elle répond donc par les mêmes moyens; et l'habitant timide et superstitieux des campagnes, qui entend ce bruit sans connaître cette correspondance mystérieuse, en fait le sujet des contes les plus absurdes et les plus extraordinaires :

> Il croit, sur ses pieds décharnés,
> Entrevoir la mort elle-même,
> Montrant à ses yeux consternés
> Ses longues dents, sa face blême,
> Et son crâne et son front d'ossemens couronnés;
> De la gauche elle tient la pendule de sable
> Qui lui sert à compter les momens incertains
> Que nous devons passer en ce lieu misérable,
> Tandis que l'autre de ses mains
> Brandit cette faux redoutable
> Qui fait périr tous les humains.
> Il croit encor voir sa bouche effroyable
> Laisser tomber à basse voix
> Ces deux mots sur sa destinée :
> « Avant la fin de cette année,
> « Tu seras soumis à mes lois. »

Il se tapit alors en croyant déjà subir l'arrêt qui le menace; car c'est ainsi que la frayeur dénature les objets, et offre à l'homme ignorant et crédule des images fantastiques, effet de son imagination en délire, tandis que l'ami de la Nature n'établit sa croyance que sur les faits positifs qui sont l'objet de ses recherches. Quoi qu'il en soit, le peuple conserve encore, au bruit que font ces petits insectes, le nom d'*horloge de la mort*, terme impropre qu'on pourrait changer en celui de *l'amour*, puisqu'il indique, en effet, que l'heure des plaisirs a sonné pour eux.

Prévoyance admirable! l'atome perdu dans la poussière fut destiné à connaître le bonheur comme l'homme, roi de tous les êtres; et tandis que je trace péniblement quelques caractères pour vous faire connaître ma pensée, un insecte n'a qu'un mouvement à faire pour exprimer ses désirs ou peindre ses tourmens!

Ah! si nous jouissions d'un semblable avantage, si nous pouvions, par un son particulier, nous faire entendre au loin de celle qui nous est chère,

> Le bruit léger que je saurais produire
>   Par ce pouvoir miraculeux,
> A votre oreille irait bientôt redire
> Ce mot charmant que souvent je ne peux
>   Ou que je n'ose vous écrire,
> Et dans ce moment même il saurait vous instruire
>   Que votre ami, selon ses goûts,
> A chanter la Nature occupe encor sa lyre,
> Pour avoir le plaisir de causer avec vous.

Les Lime-bois*.

———

Corps linéaire ; corselet sans pointes épineuses ; tête dégagée, séparée par un col.

Caractères. Antennes filiformes ou un peu plus grosses dans leur milieu, écartées à leur base. — Tête presque globuleuse ou orbiculaire, séparée du corselet par un étranglement ou espèce de col. — Corps allongé, linéaire. — Élytres molles. — Tarses filiformes.

Les larves de ces insectes vivent dans l'intérieur des arbres, surtout des chênes, sur le tronc desquels se trouve principalement l'animal parfait.

———

* Lime-bois, *Lymexylon* ; Fabricius. (Λυμῆ, perte ; ξύλον, des bois.)
Tribu des *Lime-bois* de M. Latreille. Partie de la famille des *Perce-bois* ou *Térédyles* de M. Duméril, et de celle des *Mélyrides* de M. de Lamarck.

Lettre Trente-deuxième.

LES LIME-BOIS.

Je suis à Marseille depuis trois jours : j'ai retrouvé ici des amis de collége, j'ai lié connaissance avec quelques jeunes naturalistes; auprès d'eux, les plaisirs emportent le temps sur leurs ailes.

> Les gais propos, l'amitié, les sciences,
> Enchantent ces instans si doux;
> Il ne manque à mes jouissances
> Que de vous avoir près de nous.

J'ai déjà visité toute la ville et ses alentours; mais je n'ai point eu encore assez d'yeux pour admirer toute la beauté de ce port magnifique, pour compter tous ces mâts réunis en forêt, ou pour contempler, du haut d'un des coteaux qui entourent la cité, ces bâtimens ailés de toute forme et de toute grandeur qui sillonnent cette plaine liquide, et, comme un point obscur, échappent à l'œil aux bornes de l'horizon.

16

En parcourant hier les chantiers, j'ai capturé un insecte que je vous destine, et sur lequel je voulais vous donner, dès le soir même, quelques notions; mais aujourd'hui, je me félicite d'avoir différé de quelques heures de vous écrire : l'aventure qui vient de m'arriver ajoutera sans doute quelque intérêt à celui que vous aurait offert leur histoire.

J'étais entré, avec quelques-uns de mes amis, dans une de ces gondoles, ornées de festons et de guirlandes de fleurs, qui, chaque dimanche, glissent sur les eaux, en si grand nombre, pour conduire à Château-Vert les heureux favoris de Momus. Déjà nous avions franchi les limites du Port :

> De ses accens joyeux notre troupe charmante
>   Faisait résonner les échos,
> Zéphire enflait la voile, et la rame bruyante,
>   En cadence frappait les flots.
>
> L'air était embaumé, l'onde était aplanie,
>   Comme dans cet heureux moment
> Où l'on vit s'élever la reine d'Idalie
>   Du sein de l'humide élément.
>
> Les Tritons amoureux près de notre nacelle
>   Semblaient se jouer à l'envi,
> Comme lorsqu'ils guidaient une épouse immortelle
>   Aux pieds de Neptune ravi.
>
> Le plaisir, du rivage où nous devions descendre,
>   Rapprochait les bosquets rians,
> Et nous montrait les jeux qui semblaient nous attendre
>   Sous leurs ombrages verdoyans.

Tout-à-coup, un craquement se fait entendre.....

notre petit mât se brise dans son milieu, et tombe, avec la voile qu'il soutient, sur un des côtés de notre barque légère; chacun se croit perdu, et invoque, par des cris, la Vierge protectrice des nautonniers.... Les uns, tournant leurs regards accablés vers la ville qu'ils ne comptent plus revoir, maudissent la témérité du premier qui osa se confier à l'élément qui était prêt à les engloutir; sans le trouble où ils étaient, ils auraient dit avec le poète:

> Il eut un cœur d'airain, celui qui de l'orage
> Affronta le premier l'impétueuse rage
> Sur un fragile bois[1].

Les autres, n'espérant de salut que dans l'art de fendre les flots, s'apprêtent à gagner la terre à la nage. Je me disposais à prendre ce dernier parti; mais heureusement la terreur panique dont nous étions tous frappés, était sans fondement. Notre pilote, par une manœuvre savante, sut, avec une adresse admirable, nous tirer du danger que nous avions couru. La gaîté succéda bientôt à l'effroi, et ranima nos visages que la crainte avait fait pâlir. Revenus de notre frayeur, nous cherchâmes les causes qui, dans un temps aussi beau et avec un vent aussi faible, avaient pu produire l'effet surprenant dont nous avions failli être la victime. Notre vieux nautonnier, en sa qualité de doyen et de plus

---

[1] Horace, l. 1, Od. 3, traduction de M. Daru.

lésé dans cette aventure, eut le premier la parole :
il ne pouvait revenir de sa surprise de voir, déjà
hors de service, un arbre nouvellement arrivé du
nord, qui n'avait encore essuyé ni les coups des
tempêtes, ni les fureurs des orages ; il fallait, selon
lui, que l'intérieur en fût carié. Le bonhomme n'avait
pas tort ; car en regardant le mât à l'endroit où il
s'était brisé : C'est elle ! m'écriai-je ; oui, c'est elle !
la larve funeste du Lime-Bois, qui, par ses ravages
et ses travaux destructeurs, a failli nous faire des-
cendre dans les sombres abîmes. Voyez comme elle
a miné ce terrain ligneux, et y a pratiqué en tous
sens des galeries qui ont rompu les fibres du végétal,
et lui ont ôté la force de résister aux moindres efforts
du vent ! Observez avec quel talent elle sait se soustraire à notre haine et nous dérober la vue de ses
pernicieux travaux, en se cachant soigneusement
dans l'intérieur des troncs des arbres ! Ne dirait-on
pas qu'elle a la prévoyance qu'en s'approchant de
leur surface, elle pourrait être rencontrée par le bec
des Pics ou des Grimpereaux ? Après avoir, pendant
trois ou quatre ans, perforé le sein des sapins ou
des chênes qui la recèlent, et bravé les traits im-
puissans des Hamadryades, protectrices des forêts,
elle se transforme, dans les sombres retraites où elle
a passé son enfance, en un insecte coléoptère, que
je puis offrir à votre curiosité. Je leur montrai alors
le Lime-Bois *naval*, que j'avais fortuitement rencontré la veille, et chacun, en voyant cet habitant

du nord, ne pouvait se lasser d'admirer sa tête
grosse, portée sur un col ou étranglement remarquable, mais surtout la forme allongée et presque
cylindrique de son corps, qui lui permet de suivre
les routes ténébreuses qu'il a pratiquées dans sa jeunesse.

Pendant que nous causions ainsi, les cris de terre!
terre! nous apprirent que nous étions arrivés au but
de notre course.

> Nous perdîmes bientôt, en touchant le rivage,
> L'image du danger qu'auprès de cette plage
> Nous avions couru tous,
> Comme en vous revoyant j'oublîrai près de vous
> Tous les ennuis de mon voyage.

En vous traçant ces lignes, je suis aussi arrivé à
l'heure où le sommeil endort tous les mortels, et
loin d'être fatigué par cette occupation attrayante,
mon cœur, qu'éveille cette jouissance, trouve que
c'est trop vite encore quitter la plume.

> Dans mon repos, si votre image
> Occupe mes instans et les embellit tous;
> En veillant, je cause avec vous,
> J'en goûte avec transport le trop rare avantage;
> Ce plaisir est encor plus doux.

Les Staphylins *

Élytres ne couvrant pas la majeure partie du ventre ; corps allongé.

Caractères. Antennes grenues, filiformes ou quelquefois grossissant un peu vers le bout. — Mandibules fortes, aiguës. — Corps allongé, étroit. — Élytres beaucoup plus courtes que le ventre, et cachant entièrement les ailes. — Deux appendices vésiculeux, cylindriques et rétractiles à l'extrémité du ventre.

Les larves et les insectes parfaits se tiennent principalement dans les matières animales en putréfaction, dans les substances végétales corrompues.

---

* Staphylin, *Staphylinus;* Linné. (Σταφυλῖνος, employé par Aristote pour désigner un insecte.) Famille des *Brachélytres* (Βραχὺς, court; ἔλυτρον, étui) de MM. Latreille et Duméril, et celle des *Staphyliniens* de M. de Lamarck.

Lettre Trente-troisième.

—

LES STAPHYLINS.

Je viens de consacrer presque toute une journée
à visiter Toulon; c'est-à-dire, son port et ses bagnes.
Dieux! quel séjour que celui de cet enclos où le
crime trouve, dès ce monde, des châtimens si sé-
vères! L'homme n'a-t-il donc pas assez des misères
qui l'assiégent dès son berceau, sans en accumuler
sur sa tête par ses propres fureurs? J'ai frémi, lorsque j'ai franchi le seuil de cette porte d'airain, en
songeant que plusieurs de ceux qui y passent n'en
doivent jamais sortir. Les malheureux! ne leur sem-
ble-t-il pas voir écrits sur les murs noircis de la
voûte qui conduit à ces lieux de tourmens, ces vers
si lugubrement harmonieux du poète de Florence:

Per me, si và nella città dolente :
Per me, si và nell' eterno dolore :

Per me, si và tra la perduta gente :
Lassat' ogni speranza, voi ch' entrate [1]

Je me disais en quittant cet enfer terrestre : les anciens ont eu raison de faire du Destin un dieu inexorable et inflexible ; car s'il était obligé d'écouter toutes les suppliques, de satisfaire tous les vœux qui lui sont adressés, il lui faudrait peut-être des bureaux aussi nombreux qu'à un de nos ministres ; en effet, les Sylphes et les Farfadets doivent être étourdis des soupirs qui s'élèvent à chaque instant de toutes les parties de cet univers.

Le malheureux se plaint de l'indigence :
Le riche, au sein de l'opulence,
Trouve encore des désirs qu'il ne peut contenter ;
L'ambitieux, qui sent frustrer son espérance,
Murmure en ses projets de se voir arrêter ;
L'avare, que Plutus combla de ses largesses,
Désire encor sur ses richesses
Entasser des trésors nouveaux ;
Le coupable voudrait d'indulgens tribunaux ;
Le trafiquant, de plus gros bénéfices ;
Le plaideur, des juges propices,
L'avocat, des procès sans fin ;
Le sage seul, d'un front serein,
Loin des grandeurs que son ame méprise,
Laisse aller le monde à sa guise,
Sans importuner le Destin.

---

[2] On pourrait traduire ainsi ces vers, placés par le Dante sur la porte de son Enfer :

Par moi, l'on va dans le séjour des pleurs ;
Par moi, l'on va dans le lieu des douleurs ;
Par moi, l'on va chez la coupable engeance ;
Vous, qui passez, laissez toute espérance.

Si les insectes avaient aussi le droit de se plain-
dre, les Staphylins pourraient à bon droit se récrier
contre les travaux dont ils sont surchargés. Le Papillon qui mène, dans son enfance, une vie active,
peut au moins consacrer au plaisir les jours les plus
beaux de sa vie; tandis que la Nature attend de
ceux qui vont nous occuper, des services non moins
grands sous leur dernière forme, que ceux qu'ils ont
pu rendre dans leur jeunesse. On est donc sûr de
les trouver à l'ouvrage partout où le besoin se présente; ce sont, pour ainsi dire, les forçats de cette
classe. Aussi, qu'un corps en décomposition se fasse
connaître au loin, par les miasmes qu'il exhale, des
bataillons de ces petits animaux, appelés par l'odeur,
accourront les premiers au festin, et se disputeront
avec une ardeur infatigable les débris de ces chairs
fétides. Armés de mâchoires ou de tenailles aiguës,
animés d'une audace qu'on ne s'attendrait pas à
trouver dans une si petite taille, ils attaquent aussi
des animaux plus gros qu'eux, souvent même de
leurs semblables, et les déchirent impitoyablement.

On ignore de quel usage peuvent être les deux
vésicules qu'ils font paraître, à l'extrémité de leur
ventre, sitôt qu'on les approche. Peut-être l'animal
fait-il sortir par ce canal une odeur qui repousse ses
ennemis ou qui étourdit ceux auxquels il fait lui-
même la guerre; peut-être aussi n'est-ce qu'un vain
simulacre de défense pour effrayer ceux qui veulent
le saisir : quoi qu'il en soit, ces démonstrations hos-

tiles arrêtent souvent l'audace de celui qui n'est pas accoutumé à ces petites manœuvres, et pendant ce temps l'insecte ouvre habilement ses élytres, déploie ses ailes, et laisse l'observateur les yeux ébahis, honteux d'avoir vu sa force échouer contre la ruse d'un être si faible. Ce ne sont cependant point ces deux vésicules qui sont capables de nuire; les mâchoires sont plus à craindre pour les doigts qui leur donnent prise; peut-être sont-ce les morsures de leurs dents aiguës qui avaient donné à croire aux anciens que les Staphylins étaient mortels pour les chevaux qui les avalaient[1].

La Nature, qui a distribué à chacun son emploi, n'a pas armé nos insectes d'une cuirasse aussi pesante que celle des Scarabées; mais en leur donnant un corps effilé, des étuis écourtés, elle les doua d'une légèreté qui peut les faire passer pour les voltigeurs de la classe qui nous occupe. Cette agilité qui se manifeste dans tous leurs mouvemens, donne à leur démarche une grâce remarquable; ainsi, au lieu de laisser traîner leur ventre allongé qui pourrait se salir, on les voit relever cette espèce de queue, lui donner même, avec un petit air de coquetterie, toute sorte d'inflexions, et s'en servir encore avec adresse pour replier leurs ailes sous leurs enveloppes raccourcies.

---

[1] Aristote, *Hist. des anim.*, liv. VIII, ch. 24.

Les Staphylins n'ont pas tous le même séjour; si quelques-uns habitent des lieux peu agréables, il en est qui se tiennent sous les pierres, dans les plaies des arbres ou sous l'écorce des végétaux, tandis que d'autres errent sur le bord de nos ruisseaux, dans les lieux ombragés où se reposent les Naïades, ou ne se plaisent qu'au sein des fleurs.

Je me rappelle, à ce sujet, qu'un jour parcourant la prairie que domine votre habitation, le Chrysanthême (plus connu sous le nom de Grande Marguerite), au disque d'or et aux rayons d'argent, vint frapper mes regards. Aussitôt, pensant à vous, je m'occupai à en compter les demi-fleurons de la circonférence, en disant : elle m'aime, un peu, beaucoup, etc., lorsque j'aperçus quelques-uns de ces petits insectes dont mon opération troublait la tranquillité. La félicité dont ils semblaient jouir me toucha ; pour ne point l'altérer, j'abandonnai la plante sans songer à leur nuire, et leur dis en les voyant s'envoler :

> Insectes qui dans le bonheur
> Coulez en ces lieux votre vie,
> Peut-être verrez-vous Julie
> Un jour consulter cette fleur,
> Sur mon amitié, ma tendresse.
> Ah ! si ces pétales charmans
> Lui peignent de mes sentimens
> Et la constance et la délicatesse,
> Applaudissez avec ardeur ;
> Mais, par hasard, si leur nombre trompeur
> M'accusait avec perfidie

D'indifférence ou de tiédeur,
Insectes chéris, je vous prie,
Faites connaître à mon amie
Les vrais sentimens de mon cœur.

NOTES.

Lettre Deuxième.

Page 20. *L'industrieuse ville de Thizy.*

La ville de Thizy est célèbre par les filatures superbes et les manufactures nombreuses qui embellissent ses environs. C'est de son sein et de ses entours que sortent ces fils de coton qui, dévidés en écheveaux ou contournés en pelotons, s'expédient dans les villes nationales les plus éloignées; c'est là que se tissent ces toiles de finesses, de largeurs et de dessins variés, qui alimentent principalement les provinces méridionales, ou qui, à l'aide des couleurs qu'elles reçoivent dans les ateliers locaux, vont faire payer un tribut à toutes les villes de France.

La naissance de cette industrie date de la fin du règne de Louis xv; la reconnaissance de ce pays redira long-temps le nom d'Étienne Mulsant, dont l'éloge trouverait ici sa place, s'il n'était mon aïeul. C'est lui qui, le premier, substituant le coton au lin, fit façonner ces tissus que l'ingénieux Oberkampf de Jouy anima de ses dessins gracieux, et sur lesquels ce manufacturier célèbre préluda à l'introduction en France de l'impression sur toile, qui a depuis enrichi l'Alsace et la Normandie et qui assure à notre patrie une source de richesses.

Page 20. *Le fanatisme réveillé par la ligue.*

Après la prise de Lyon par le baron des Adrets, en 1562, les troupes des Réformés se répandirent dans les provinces voisines, pénétrèrent dans les montagnes du Beaujolais, et forcèrent les habitans épouvantés des campagnes à se retrier dans les églises. On voyait encore récemment, sur les voûtes de ces édifices, à Saint-Jean, Saint-Victor, etc., des fours, des moulins à bras et autres objets qui rappelaient le séjour de ceux qui s'étaient réfugiés dans ces lieux.

La ville de Thizy, que sa position et le fort qui la défendait rendaient le poste le plus important du pays, fut aussi en butte aux principales attaques et eût à souffrir davantage. Le 23 mai 1570, le lendemain de la fête du corps de Dieu, elle fut brûlée par Clermont d'Amboise et Briquemore, malgré les foudres de la citadelle, dont les assaillans ne purent s'emparer. Vingt ans plus tard, en 1590, le jour de la Saint-Jean, les ligueurs, sous les ordres de Nérestan et de la Pie, vinrent camper sur la montagne de Cocogne, à un quart de lieue de la ville, et de là assiègèrent le château qui se rendit au bout de sept semaines, après avoir essuyé 253 coups de canon tirés à boulets rouges de 24.

Les fouilles faites sur le sol couvert de la cendre des habitations de nos aïeux, ont offert des appartemens dont le carrelage était parfaitement conservé, ont montré des ustensiles, des piques, des fers de hallebardes, etc., amoncelés sous les pierres avec les boulets qui avaient formé ces décombres; ces découvertes rappellent ces vers admirables de Virgile :

> Un jour le laboureur, dans ces mêmes sillons
> Où dorment les débris de tant de bataillons,
> Heurtant avec le soc leur antique dépouille,
> Trouvera, plein d'effroi, des dards rongés de rouille;
> Verra de vieux tombeaux sous ses pas s'écrouler,
> Et des soldats *français* les ossemens rouler.
>
> GEORG. liv. 1, traduct. de Delille.

Page 20. *C'est de ton sein qu'est sorti le valeureux d'Ars.*

Le château de la Rafinière, dans la commune de Cublize, était l'apanage de la famille des d'Ars; au bourg du même lieu, l'écusson de cette maison se voit encore, mais presque effacé, sur la porte d'une habitation qui était de la même dépendance. Toutes ces propriétés appartiennent aujourd'hui à M. Truchet, depuis l'alliance de ses ancêtres avec cette famille.

Louis d'Ars, l'un des plus illustres preux du seizième siècle, accompagna Louis XII en Lombardie, dans la guerre contre Ferdinand, roi d'Arragon. En 1502, il se signala au siége de Canose, où peut-être il eût trouvé la mort, s'il n'eût été tiré par son ami Bayard d'un péril imminent, où l'avait entraîné l'ardeur bouillante de son courage. Toujours plein d'honneur, il refusa avec Bayard de signer la capitulation honteuse souscrite par les Français battus par Gonzalve. Il contribua à la victoire de Gênes, en 1507, et eut l'honneur d'accompagner Louis XII à Savone, dans la visite que fit ce prince à Ferdinand d'Arragon; il y reçut les marques d'estime les plus flatteuses de ce dernier, qui dit au roi de France en le montrant ainsi que Bayard : « Heureux le royaume qui produit de tels chevaliers! » D'Ars fit encore des prodiges de valeur en 1512, à la bataille de Ravenne, où il combattit aux côtés du général Gaston de Foix.

Page 20. *Ces bois ont ombragé le front de l'illustre Vauban.*

Le château de Vauban ou de Magny, fondé en 1615, ne fut achevé que long-temps après, sur les dessins du maréchal qui a contribué à illustrer le siècle de Louis XIV.

Au commencement de nos troubles, on y voyait les plans de toutes nos places fortes, copiés par le chevalier de Vauban, et dans le nombre il s'en trouvait encore quelques-uns tracés par la main même du génie qui les avait conçus. Mais bientôt arrivèrent ces jours d'orage où, pour se venger de quelques abus anciens, on sacrifia souvent avec fureur tout ce qui pouvait rappeler le souvenir de la féodalité; les livres et les papiers que renfermait le château de Magny furent apportés sur la place de Cublize, pour être offert en holocauste au fantôme de la liberté. Les plans n'échappèrent aux flammes que par les soins de l'abbé M***, ci-

devant aumônier de la maison; il les garda long-temps, jusqu'à
ce qu'enfin prévoyant qu'il ne serait jamais dans le cas d'avoir à
prendre un bastion ou à défendre une demi-lune, il pensa comme
le coq du bon Lafontaine :

> Que le moindre vin Beaujolais
> Ferait bien mieux son affaire.

et il les changea contre deux tonneaux remplis de ce nectar délicieux.

Page 21. *Le président de Lamoignon.*

Les visites nombreuses que reçut le président de Lamoignon
pendant son séjour à Thizy, les fêtes qu'il y donna, les dépenses
qu'il y fit et ce ton de cour qu'il y apporta, donnèrent à ce lieu
une vie et des agrémens qu'on n'y avait jamais connus encore.

Page 21. *De ce ministre Roland.*

J.-M. ROLAND, né à Thizy, le 19 février 1734, après avoir
voyagé dans diverses contrées voisines, où il acquit dans les arts
des connaissances profondes, revint en France où il fut nommé
successivement inspecteur général à Amiens, puis à Lyon. Il eut
alors l'occasion de connaître Jeanne-Marie PHILIPON, et bientôt
charmé par la vivacité de son imagination et captivé par son
esprit, il lui adressa ses Lettres sur la Suisse, l'Italie, etc., et
l'épousa en 1780. Roland était encore à Lyon lorsque se leva
l'aurore de notre révolution; sa femme qui déjà jouissait de cette
influence que donnent le génie et l'ambition unie à la souplesse
du caractère, le fit, par ses intrigues, porter à la municipalité en
1789, et députer aux états-généraux en 1790. La maison de madame Roland, à Paris, devint aussitôt le lieu de réunion de plusieurs chefs de cette assemblée, tels que Brissot, Barbaroux, Ver-
gniaud, Clavière, Louvet, etc., qui par leur crédit firent nommer
notre concitoyen, ministre de l'intérieur. Il ne resta que trois mois
au ministère et y fut reporté quelque temps après avec Danton,

mais devenu depuis odieux au parti populaire contre lequel il s'était déclaré, il échappa à ceux qui voulurent l'arrêter le 31 mai 1793, et se retira à Rouen. Là, il apprend dans sa retraite la mort de son épouse, dont la tête venait de tomber sous la hache républicaine; ne se sentant point le courage de lui survivre, il délibère avec ses amis sur le genre de mort qu'il doit adopter, leur fait ses derniers adieux et part du lieu qui lui servait d'asile, le 15 novembre 1793, à six heures du soir, suit la route de Paris jusqu'au village Baudoin où il se perce de l'épée dont sa canne était le fourreau. On trouva sur lui un billet portant ces mots : « Qui que tu sois qui me trouve gisant, respecte mes restes; « ce sont ceux d'un homme qui consacra toute sa vie à être utile, « et qui est mort comme il a vécu, vertueux et honnête. Puissent « mes concitoyens prendre des sentimens plus doux et plus « humains! L'indignation et non la crainte m'a fait quitter ma « retraite; au moment où j'ai appris qu'on avait égorgé ma femme, « je n'ai pas voulu rester plus long-temps sur une terre souillée « de crimes. » On ne peut disconvenir que madame Roland contribuait beaucoup à la rédaction de tous les actes et projets du ministre; du moins le style mâle qu'on lui connaissait, lui fit souvent donner toute la gloire des travaux de son époux; il semble même qu'elle se plaisait à le laisser croire; aussi, disait-elle : « S'il eut fait des homélies, j'en aurais composé. » On se rappelle ce que dit Danton, lorsque Roland allait être prié de ne point abandonner le ministère : « Si l'on fait une invitation à « monsieur, il en faut faire une à madame; je connais toutes les « vertus de l'ex-ministre, mais nous avons besoin d'hommes qui « voient autrement que par leurs femmes. »

Roland a laissé plusieurs ouvrages estimés.

Mémoire sur l'éducation des troupeaux et la culture des laines; 1779, in-4.

L'art de l'imprimeur d'étoffes en laine, du fabricant de velours de coton, du tourbier, etc.; 1780.

Lettres écrites de Suisse, d'Italie, de Sicile et de Malte, 1782;
6 vol.

Dictionnaire des manufactures et des arts qui en dépendent;
3 vol., etc.

Tout le monde connaît les *Mémoires* de madame Roland.

Page 21. *De la lyre harmonieuse de l'aimable Berchoux.*

M. Berchoux est né à Saint-Symphorien-de-Lay.

La *Gastronomie* et plusieurs autres ouvrages charmans, qui
sont dans les mains de tout le monde, lui ont acquis une trop
juste célébrité pour qu'il soit utile d'énumérer tous ses titres à la
gloire.

Page 21. *Et ces champs ont vu plus d'une fois le jeune Vietty.*

M. Vietty a vu le jour à Amplepuis le 15 décembre 1787.
Jeune encore, il annonçait les dispositions les plus brillantes, et
il a tenu tout ce qu'il promettait. Une *Nymphe de la Seine
Homère méditant l'Iliade* et plusieurs autres statues du goût le
plus pur, seront toujours l'admiration des hommes éclairés. Il a
publié avec M. Rey, professeur de l'école des beaux-arts de
Lyon, les *Monumens romains et gothiques de Vienne en France,*
ouvrage qui a été accueilli de la manière la plus favorable.
M. Vietty a fait partie des savans qui par les ordres du gouver-
nement ont été, en 1829, explorer le sol poétique de la Grèce.

———

Lettre Troisième.

Depuis que le flambeau de l'anatomie nous a révélé l'organisation intérieure des êtres vivans, leur division a reposé sur des
bases plus sûres et plus solides. Les caractères vagues et incertains d'avoir le sang rouge ou blanc ont été remplacés par ceux

de la présence ou du défaut d'un squelette osseux intérieur. Les insectes qui sont au nombre des animaux qui en sont dépourvus, ont le corps formé d'anneaux et de tubes creux, et doivent la solidité et les couleurs brillantes de leur enveloppe à l'endurcissement du tissu placé entre leurs derme et épiderme.

Parmi les êtres qui composent cette grande classe, les uns, tels que les Crustacés, ont une circulation double et respirent par des branchies ou espèce de lames et de filets qui tiennent en général à une partie des pieds; les autres reçoivent l'air par des ouvertures ou stigmates, tantôt placés sous le ventre et aboutissant à des petits sacs pulmonaires, comme dans quelques Arachnides, tantôt situés le long du corselet et de l'abdomen, et correspondant à un tuyau qui, de chaque côté, parcourt le corps dans toute sa longueur, comme dans les vrais insectes, les Myriapodes et les Arachnides qui n'ont que quatre yeux.

Lettre Quatrième.

Sur les rapports des organes de la mastication des insectes avec ceux des autres animaux, voyez M. Cuvier, *Anatomie comparée* et les mémoires de M. Marcel de Serres, *Annales du Mus.*, t. 14, p. 56 et suiv.

Dans les insectes suceurs on reconnaît la trace des organes qui composent la bouche de ceux qui sont destinés à triturer des matières solides. Ainsi chez les Punaises, par exemple, les mâchoires se sont transformées en petites lancettes en forme de soies, cachées dans le canal de la lèvre inférieure devenue une gaîne.

Page 42. *Aucun insecte ne peut jouir de la voix.*

Selon la remarque de Linné : tous les insectes sont muets, à moins qu'ils ne produisent des sons à l'aide d'un instrument particulier. Les uns, en effet, sont pourvus d'une espèce de tambour de basque comme les Cigales; quelques-uns, tels que les Criquets, se servent de leurs jambes épineuses comme d'un archet, pour faire résonner leurs élytres de parchemin; d'autres frottent leur corselet contre la paroi intérieure de leurs étuis, ou font vibrer contre l'extrémité de ceux-ci les anneaux de leur ventre, etc. Si quelquefois on peut attribuer à l'air les sons que produisent plusieurs insectes, cet air loin de sortir par la bouche, ainsi qu'on le remarque chez les Mammifères, s'échappe des stigmates, comme on le suppose chez plusieurs Hyménoptères ou Diptères, ou de quelques cavités particulières du ventre, comme dans le Sphinx Atropos.

Lettre Cinquième.

Page 47.

Voyez, sur les ailes et le vol des insectes, les mémoires de MM. Marcel de Serres, Chabrier; *la philosophie anatomique de M.* Geoffroy Saint-Hilaire, etc.

Page 50.

Selon M. Latreille, les balanciers sont des vessies pédiculées, destinées à recevoir le trop plein du fluide aérien des trachées voisines, lorsque leurs bouches extérieures sont fermées; ils concourent avec les ailes au transport de l'animal, puisqu'ils se meuvent avec une grande célérité, et que leur grandeur est en raison inverse des ailes.

Mém. du Mus., t. 8, p. 169 *et suiv.*

Lettre Sixième.

Les observations de M. Straus et quelques autres savans, montrent que plusieurs insectes ont, en avant du double ganglion cérébriforme, un petit système nerveux et ganglionné spécial; M. Latreille pense, d'après l'analogie de la position de l'oreille dans des Crustacés, et plusieurs autres animaux de la grande classe des insectes, que ce système nerveux est propre aux sens de l'ouïe et de l'odorat.

Lettre Neuvième.

La métamorphose[1] est une mue développant au moins un organe loco-moteur. Il n'y a ainsi de véritables métamorphoses que chez les insectes ailés. (La Puce, les Fourmis neutres, les Mutilles femelles, font cependant exception.)

Linné, Fabricius, etc., distinguaient trois sortes de transformations complètes.

1° Celle où la Nymphe est *incomplète (pupa incompleta)*, c'est-à-dire, à l'extérieur de laquelle se remarquent les formes principales de l'insecte qui doit naître; comme chez les Coléoptères et les Hyménoptères tels que les Hannetons, les Abeilles, etc.

2° Celle où la Nymphe est emmaillottée, *obtectée (pupa obtecta)*, ou dont la pellicule suit les contours de l'animal qu'elle cache, comme dans les Lépidoptères, tels que les Papillons.

3° Celle où la Nymphe est *coarctée (pupa coarctata)* ou resserrée dans une coque semblable à un œuf, et ne montre aucune des formes que l'insecte doit avoir; comme chez les Diptères, tels que les Mouches.

Lettre Dixième.

ARISTOTE, né à Stagire, l'an 354 avant l'ère chrétienne, a écrit :

Περι ζωων ιστοριας.

---

[1] Μετα, après; μορφωσις, transfiguration.

Plusieurs livres de cette histoire, surtout ceux qui traitaient des descriptions anatomiques, ne nous sont point parvenus.

Pline, né à Vérone, an 23 de l'ère chrétienne,
Historia naturalis.

Parmi les premiers Entomologistes modernes dont on consulte peu les écrits aujourd'hui, on peut citer GESNER, ALDROVANDE, MOUFFET, JONSTON, GOEDEART, LISTER, etc.

Rédi (François), médecin des ducs de Toscane, né en 1626, à Arezzo, mort en 1697,
Experimenta circa generationem insectorum. Amstelodami, 1671.

Swamerdam (Jean), médecin, anatomiste distingué, né à Amsterdam, en 1637, mort en 1680,
Biblia naturæ. Leyde, 1737.

Mérian (Marie-Sibille), née à Francfort, en 1647, épouse de Jean Graff, peintre à Nuremberg, depuis établie en Hollande, morte en 1717, à Amsterdam,
De generatione et metamorphosibus insectorum Surinamensium. La Haye, 1726.
Histoire des insectes d'Europe. Amst., 1730.

Rai (Jean), anglais, né dans le comté d'Essex, en 1628, mort à Londres, en 1706,
Methodus insectorum.
Historia insectorum. Lond. 1710, publiée par Lister.

Réaumur (Réné-Antoine Terchault de), de l'ac. des Sci., né à la Rochelle en 1683, mort en 1757,
Mémoires pour servir à l'histoire des insectes. Paris, 1734-1742; 6 vol. in-4°; le 7ᵉ est manuscrit à la Bibliothèque du Roi.

Geer (Charles, baron de), de l'académie de Stockholm, né en 1720, mort en 1778,
Mémoires pour servir à l'histoire des insectes. Stockolm, 1752-1778; 7 vol. in-4°.

Linné (Charles, de) ou Linnæus, professeur d'histoire naturelle, né à Rœshult, dans la province de Smoland, en 1707, mort à Upsal, en 1778,

Systema naturæ, dont la XIIIe édition a été donnée par Gmelin. Leipsick, 1788.

Fauna suecica, etc.

VILLERS (Charles de), de plusieurs académies,

Caroli Linnæi Entomologia, curante et augente Carolo de Villers. Lugd. 1789; 4 vol. in-8.

FRISCH (Jean Léonard), recteur du Gymnase de Berlin, né en 1666, mort en 1743,

Beischreibung von allerlei insekten in Deutschland, 1730-1766; 1 vol. in-8.

SCOPOLI (Jean-Antoine), professeur de botanique à Pavie, né en 1723, mort en 1788,

Entomologia Carniolica, Vindebonæ, 1763; 1 vol. in-8.

RŒSEL DE ROSENHOF (Auguste-Jean), peintre de Nuremberg, né en 1705, mort en 1759,

Insecten-Belustigungen, Nuremberg, 1746; 4 vol. in-4.

KLÉEMANN (Chrétien-Frédéric-Charles), peintre, gendre du précédent, né en 1735, mort en 1789, a donné pour supplément à l'ouvrage de Rœsel:

Beytrage zur natur oder insecten Geschichte. Nuremb., 1761; 1 vol. in-4.

BONNET (Charles), naturaliste genevois, etc., né en 1720, mort en 1793.

Traité d'insectologie. Paris, 1745; 2 vol. in-12.

LYONNET (Pierre), membre de plusieurs académies, né à la Haye, en 1707, mort en 1789,

Traité anatomique de la Chenille du saule. La Haye, 1762, in-4.

La traduction de *Théologie des insectes de Lesser*, à laquelle il avait joint des notes savantes et judicieuses. Paris, 1745; 2 vol. in-8.

Geoffroy, médecin à Paris, mort en 1810,

Histoire abrégée des insectes des environs de Paris. 1764 ; 2 vol. in-4.

Fourcroy (Antoine-François de), chimiste célèbre, de l'Académie des Sciences ; né à Paris en 1755, et mort en 1809, a donné un abrégé de l'ouvrage de Geoffroy, auquel il a ajouté de nouvelles espèces, sous le titre de

Entomologia Parisiensis ; 2 vol. in-8.

Schaeffer (Jacques-Chrétien), pasteur à Ratisbonne, né en 1718, mort en 1790,

Elementa Entomologica. Regensburg, 1766 ; 1 vol. in-4.
Icones insectorum. 1769 ; 3 vol. in-4.

Seba (Albert) pharmacien, né à Etzéer, en Ost-Frise, en 1665, mort en 1736,

Locupletissimi rerum naturalium Thesauri accurata descriptio. Amst., 1734 ; 4 vol. in-fol. Il a paru une nouvelle édition des planches, en 1828.

Clerck (Charles), peintre suédois,
Icones insectorum rariorum. Holmiæ, 1756 ; 1 vol. in-4.

Pallas (Pierre-Simon), né à Berlin en 1741, mort en 1811,
Icones insectorum, præsertim Rossiæ, etc. Erlangen, 1781 ; 1 vol. in-4.

Drury, anglais,
Illustrations of natural history. Lond., 1770 ; 3 vol. in-4.

Ernest, peintre à Strasbourg,
Papillons d'Europe, peints par Ernest et décrits par le R. P. Engramelle.

Cramer (Pierre), marchand d'objets d'histoire naturelle à Amsterdam,
Papillons exotiques des trois parties du monde, l'Asie, l'Afrique et l'Amérique. Amst., 1779 ; 4 vol. in-4.

Esper (Eugène-Jean-Christophe),

Europæische schmetterlinge. Erlangen, 1777; 4 vol. in-4.

Harris (Moïse), anglais,

An exposition of English insects. London, 1782.

Stoll, (Gaspard), hollandais,

Représentation exactement coloriée d'après nature, des Cigales et des Punaises. Amst., in-4, etc.

Fabricius (Jean-Chrétien), né en 1742, à Tundern, dans le duché de Sleswick, mort en 1807,

Entomologia systematica emendata et aucta ; 4 vol. in-8. Hafniæ, 1794.

Systema eleuteratorum. Kiliæ, 1801.

— *rhyngotorum.* Brunsvigæ, 1801.

— *piezatorum.* Brunsvigæ, 1804.

— *antliatorum.* Brunsvigæ, 1805.

— *glossatorum*, etc., etc., etc.

Schranck (François de Paule), naturaliste bavarois, né en 1747,

Enumeratio insectorum Austriæ indigenorum. Augustæ Vinde-licorum, 1781.

Rossi (Pierre), professeur à Pise, etc.,

Fauna Etrusca. Liburni, 1790; 2 vol. in-4.

Herbst (Jean-Frédéric-Guillaume), prussien, né en 1743, mort en 1807,

Natursystem aller bekannten in-und ausländischen insecten. Berlin, 1785, etc., etc.

Olivier (Antoine-Guillaume), membre de plusieurs acadé-mies, etc., né au bourg des Arcs, près Fréjus, en 1756; mort à Paris, en 1814,

Encyclopédie méthodique, tom. 4, 5, 6, 7 et 8.

Entomologie ou Histoire naturelle des insectes. Paris, 1789-1808; 5 vol. in-fol.

Illiger (Jean-Charles-Guillaume), professeur à Berlin,

Verzeichniss der Kæfer Preussens. Hall, 1798; 1 vol. in-8.

Magazin für insectenkunde. Brunswig, 1801 - 1807; 7 vol. in-8, etc., etc.

Jurine (Louis), professeur d'anatomie, etc., etc., à Genève, mort dans la même ville.

Nouvelle méthode de classer les Hyménoptères. Genève, 1807; 1 vol. in-4.

Palisot (Ambroise-Marie-François-Joseph), baron de Beauvois, membre de l'Académie des Sciences, né à Arras, en 1752, mort en 1820,

Insectes recueillis en Afrique et en Amérique, etc. Paris, 1805.

Godard, né à Origny-sur-Oise en 1775, mort en 1825,

Encyclopédie méthodique, tom. 9.

Histoire naturelle des Lépidoptères de France, jusques et y compris le tom. 5.

Cuvier (Georges-Léopold-Chrétien-Frédéric-Dagobert), né à Montbéliard, en 1769, sécrétaire perpétuel de l'Académie des Sciences, etc., etc.,

Tableau élémentaire de l'histoire naturelle des animaux. Paris, 1798.

Leçons d'anatomie comparée, etc., etc.

Latreille (Pierre-André), de l'Académie des sciences, etc., né à Brives, en 1762,

Genera Crustaceorum et insectorum. Paris, 1807, 4 vol. in-8.

Histoire naturelle des Crustacés et des insectes. Paris, 1802 - 1805, 14 vol. in-8.

Règne animal de M. Cuvier; 3ᵉ vol., partie des insectes. Paris, 1817.

Familles naturelles du règne animal. Paris, 1825; 1 vol. in-8, etc., etc.

Lamarck (Jean-Baptiste de Monnet, chevalier de), membre de l'Académie des Sciences, etc., etc.,

Histoire naturelle des animaux sans vertèbres; tom. 3 et 4. Paris, 1816 - 1817, etc.

Dumérsil (Constant), membre de plusieurs académies, etc.,
né à Amiens, en 1774,

Dictionnaire des sciences naturelles, partie des insectes.

Élémens des sciences naturelles. Paris, 1825 ; 2 vol. in-8, etc.

Walckenaer (Charles-Anathase), de l'Académie des Sciences,
etc., etc.,

Faune Parisienne. Paris ; 2 vol.

Serres (Marcel de), professeur à la Faculté des Sciences de
Montpellier, etc.,

Plusieurs *mémoires* sur l'anatomie des insectes, dans les Annales du Muséum, etc.

Dejean (le comte), membre de plusieurs sociétés, etc., etc.,
Species général des Coléoptères. Paris, 1825 et suiv.

M. le comte Dejean prépare avec M. Boisduval une histoire des
Coléoptères d'Europe.

Duponchel (Philogène-Auguste-Joseph), de plusieurs soc., etc.,
Monographie des Érotyles dans les mémoires du Muséum,
tom. xii, pag. 30 et suiv.

Histoire naturelle des Lépidoptères de France, commencée par
Godard et continuée par M. Duponchel, etc., etc.

Audouin, membre de la société philomatique, etc., etc.,
Mémoire sur le thorax des insectes, etc., etc.

Bois-Duval (Jean-Alphonse), de plusieurs sociétés, etc.,
Monographie des Zygénides. Paris, 1828, etc.

Boudier (Henri), de la société Linnéenne, etc.,
Plusieurs mémoires insérés dans ceux de la société Linnéenne
de Paris, etc.

Chabrier, de plusieurs sociétés savantes, etc.,
Essai sur le vol des insectes dans les mémoires du Muséum, etc.

Delavaux (François-Urbain), profes. d'histoire naturelle, etc.,
Plusieurs *mémoires* insérés dans ceux de la société Linnéenne
de Paris, etc.

Descourtilz, de la société Linnéenne de Paris, etc.,

Des *mémoires* dans ceux de la société, etc.

Desmarets, membre de plusieurs sociétés, etc.,

Des *mémoires* insérés dans les bulletins de la société philomatique, etc.

Devilliers (Adrien-Prudent),
Devilliers (François),
} de la société Linnéen. de Paris, etc.,

Mémoires insérés dans ceux de la société.

Dufour (Léon), de plusieurs sociétés, etc.,

Plusieurs *mémoires* dans les Annales du Muséum, etc.

Duvau (Auguste), de plusieurs sociétés, etc.,

Nouvelles recherches sur les Pucerons, Mém. du Mus., t. XIII, pag. 126 et suiv., etc.

Faudras (Eugène-Casimir), naturaliste lyonnais, membre de plusieurs sociétés, etc.,

Mémoire sur le Tridactyle. Lyon, 1829.

Laure, de la société Linnéenne de Paris,

Mémoires dans ceux de la société.

Leclerc, de plusieurs sociétés, etc.,

Observations présentées à l'Académie des Sciences, etc.

Lefébure de Cérisy, de la société Linnéenne de Paris, etc., va publier sous peu une *Histoire des Sphingides.*

Lefebvre (Alexandre), de l'Académie de Catane, etc.,

Mémoires sur des Papillons nouvellement observés, Mém. de la société Linn. de Paris, tom. 5, pag. 486 et suiv., etc.

Lemarchand (Jean-Jacques), de la soc. Linnéen. de Paris, etc.,

Des *mémoires* insérés dans ceux de la société.

Lepelletier de Saint-Fargeau (Amédée), de plusieurs sociétés savantes,

Monographie des Chrysis,

Idem, *des Tenthrédines*, et sa coopération à la rédaction du tom. x de l'Encyclopédie méthodique, etc.

Macquart, de plusieurs sociétés savantes, etc.,

Diptères du nord de la France. Lille., etc.

MIGER (Félix), de plusieurs sociétés savantes,
Mémoires sur les larves des insectes. Coléoptères ; Annales du Muséum, tom. 14, page 441 et suiv., etc.

SAVIGNY (Jules-César), de l'Institut, etc.,
Mémoires sur les animaux sans vertèbres. Paris, 1816.
Sa coopération au grand ouvrage sur l'Égypte, etc.

SERVILLE, de plusieurs sociétés savantes, etc.,
Sa collaboration à la *Faune française*, au tom. x de l'*Encyclopédie méthodique*, etc.

THIÉBAUT DE BERNÉAUD, secrétaire perpétuel de la société Linnéenne de Paris, etc.

Plusieurs *mémoires* dans ceux de la société, etc., etc.

VALLOT, secrétaire perpétuel de l'Académie de Dijon, etc.
Plusieurs *mémoires* insérés dans ceux de la société Linnéenne de Paris, tom. i, pag. 248, etc.

STRAUS, de plusieurs sociétés savantes, etc.,
Mémoires sur les ailes des insectes.

AHRENS, de la société des Naturalistes de Halle, etc.,
Faunæ insectorum Europæ. Continuation de l'ouvrage de Panzer.

BONELLI (François-André), professeur d'histoire naturelle à Turin, etc.,
Observations entomologiques, etc., dans les mémoires de l'Académie de Turin.

CLAIRVILLE, anglais de naissance, mais établi en Suisse,
Entomologie helvétique ; 2 vol. in-8. Zurich, 1798 - 1806.

CLARCK (Bracy), de Londres, de l'Institut de France, etc.,
An Essay on the Bots of horses and oter animalis. London, 1815.

DUFTSCHMID (Gaspard), professeur à Lintz, etc.,
Fauna Austriæ ; 2 vol., 1805 - 1812.

FISCHER (Gotthelf), professeur à Moscou, etc.,

Entomographie de Russie, in-4. Il n'en a encore paru qu'un ou deux vol., etc., etc.

GERMAR (Ernest-Frédéric), professeur à Halle en Saxe, etc.,
Fauna insectorum Europæ, commencé par Panzer et Ahrens.
Magazin der Entomologie, entrepris par Illiger, etc., etc.

GRAVENHORST (Jean-Louis-Charl.), de la soc. de Gœttingue, etc.,
Monographia Coleopterorum micropterorum. Gottingue, 1806, etc.

GYLLENHALL, naturaliste suédois,
Insecta suecica. Il en a paru 3 vol.

HUBER (François), de Genève, membre de plusieurs sociétés savantes,
Nouvelles Observations sur les Abeilles; 2 vol. in-8.

HUBER (Pierre), fils du précédent,
Recherches sur les mœurs des Fourmis indigènes; 1 vol. in-8. 1810.

HÜBNER (Jacques), naturaliste à Augsbourg,
Schmetterlinge von Europa.

KIRBY (Guillaume), membre de la société Linnéenne de Londres, etc.,
Monographia Apum Angliæ; 2 vol. in-8, etc.

KLUG (François), directeur du Muséum de Berlin, plusieurs *monographies* et *mémoires* dans le Recueil de la société des naturalistes de Berlin.

MARSHAM, trésorier de la société Linnéenne de Londres, etc.,
Entomologia britannica. Lond., 1802.

MEIGEN (Jean-Guillaume),
Classification und Beschreibung der Europaeischen Zweiflügligen Insehten.

PANZER (Georges-Volfgang-François), naturaliste allemand,
Fauna Insectorum Germaniæ initia. Nuremberg, 1796 et suiv. etc., etc.

PAYKULL (Gustave), de l'Académie de Stockolm, etc.,
Fauna Suecica. Upsaliæ, 3 vol. in-8.

Monographia Histeroidum, etc., etc.

Say, professeur d'histoire naturelle à Philadelphie, etc.,
American Entomology.

Schönherr (Charles-Jean), naturaliste suédois,
Synonimia insectorum; 3 vol. in-8. Stockolm et Skara, 1806–
1808 et 1817.

Sturm (Jacques), naturaliste nurembergeois,
Deutschlands Fauna; 2 vol. in-8. Nuremberg, 1807.

Treitschke, naturaliste allemand,
Schmetterlinge von Europa. Continuateur de l'ouvrage de
Oschenheimer, dont le 1er vol. a paru en 1806.

Weber (Frédéric), professeur à Kiel,
Observationes Entomologicæ, 1 vol. in-8. Kiel, 1801.

Wiedemann, naturaliste danois, professeur à Kiel,
Zoologisches magazin.

Lettre Douzième.

LUCANES.

Cette famille se subdivise en deux genres, ainsi qu'il suit :

Corps
- déprimé . . . . 1. Lucane.
- convexe, subcylindrique ; Corselet
- comme tronqué en devant . . . . . . 2. Synodendre.

1er Genre.

Lucane, *Lucanus*. Linné.

A. *Yeux coupés par les bords de la tête.*

1. L. Cerf-volant; *L. Cervus.*

*Noir; élytres brunes; mandibules avancées, fourchues à
leur extrémité.*

Geoffroy, platycère, n° 1; *le Cerf-volant*, tom. 1, pag. 61, pl. 1, fig. 1.

— — n° 2, *la Biche*, tom. 1, pag. 62.

Latreille, n° 1, tom. 10, pag. 237, pl. 86, fig. 6 et 7.

Le plus grand des Coléoptères de France. Il est d'un brun rougeâtre en dessus, noir en dessous. Le mâle, qui atteint quelquefois trois pouces de long, a les mandibules très-allongées, terminées par une fourche, et munies, aux deux tiers de leur longueur, au côté intérieur, d'une dent aigüe. Celles de la femelle sont plus courtes que la tête, noires et lunulées.

Dans les bois du Lyonnais.

2. L. Chèvre; *L. Capra*.

Dent médiaire des mandibules tronquées.

Latreille, n° 2. t. 10, pag. 247.

Plus petit que le précédent, dont il n'est peut-être qu'une variété. La dent inférieure du sommet des mandibules est plus petite.

Dans les bois des montagnes du Lyonnais.

3. L. Parallélipipède; *L. Parallelipipedus*.

D'un noir mat, finement chagriné; deux tubercules lisses sur la tête.

Geoff., n° 3, tom. 1, pag. 62, *la petite Biche*.

Lat., platicère, n° 1, tom. 10, pag. 249.

Il ressemble à la femelle du L. *Cerf*, mais il n'a que 10 lignes de long. Tout le dessus de son corps est d'un noir mat pointillé; ses mandibules ont une dent forte.

Lyonnais.

B. *Yeux libres, n'étant pas coupés par les bords de la tête.*

4. L. CARABOÏDE; *L. Caraboides.*

Bleu verdâtre; pattes noires; corselet bordé.

Geoff., n° 4, tom. 1, p. 63, *la Chevrette bleue.*

Lat., platicère, n° 2, tom. 10, pag. 250.

Il n'a que six lignes de long, varie du bleu au vert, avec les antennes, les pieds et les mandibules noirs; son chaperon est excavé dans son milieu, et son corselet est pointillé, ainsi que ses élytres.

Il n'est pas rare près de Thizy.

2me Genre.

SYNODENDRE [1], *Synodendron.* Fabricius.

1. S. CYLINDRIQUE; *S. Cylindricum,*

Noir, troncature du corselet à cinq dents.

Lat., tom. 10, p. 156, pl. 83, fig. 4.

Il a environ six lignes de long; tout son corps est noir luisant et ponctué. La tête du mâle est pourvue d'une corne assez longue, qui se réduit à un tubercule chez la femelle.

Jura, Normandie.

Lettre Treizième.

Les Scarabées.

Pag. 124. *Les larves de cette espèce furent citées, etc.*

En Auvergne, un procès fut également intenté aux Hannetons.

---

1 Étym. Σὺν, avec; Δενδρον, bois.

Sur les conclusions du rapporteur, il leur fut assigné un district, avec injonction de s'y transporter, à peine d'exécution majeure.

Ce ne sont pas là les seules occasions où les insectes aient perdu leur cause devant la justice. Chassanée, jurisconsulte du 16ᵉ siècle, nous a laissé un gros Traité, dans lequel il en cite plusieurs exemples. Sur la plainte des cultivateurs, un juge de l'Electorat de Mayence manda les Cantharides, leur donna un avocat à cause de leur petitesse et de leur éloignement de l'âge de majorité, et leur assigna un terrein pour s'y retirer. En Provence, les Sauterelles furent aussi bannies dans une île du Rhône, malgré toute la chaleur que mit leur avocat à prouver qu'elles n'avaient pas d'assez bonnes ailes pour traverser le bras du fleuve. En Dauphiné, il fut enjoint aux Chenilles de quitter le pays, etc., etc.

Page 126. *De faire des battues.*

Dans l'ancien canton de Berne, on obligeait chaque propriétaire, dans la saison des Hannetons, à fournir un nombre de boisseaux de ces insectes, proportionné à l'étendue de ses possessions. Les riches propriétaires achetaient ces boisseaux de Hannetons à de pauvres gens qui faisaient métier de les prendre, et y réussissaient si bien, que le pays n'était plus exposé à leurs ravages. Mais ce qui prouve combien il est difficile, même aux bons gouvernemens, de faire le bien en se mêlant de la production, on m'a assuré que ce soin paternel excitait une singulière espèce de contrebande, et que par le lac Léman, on transportait des sacs de Hannetons de la Savoie dans le pays de Vaud. (G. B. Say, *Traité d'économie politique.* Paris, 1826 ; t. ɪ, p. 282.)

La famille nombreuse des Scarabées a été subdivisée en une infinité de genres, qu'on peut réduire aux suivans :

Chaperon [1] couvrant les mandibules, à quatre angles formant un carré, allongé; corps ovale ou aplati; mandibules presque membraneuses,

- Corselet arrondi ; point d'appendices à la base des élytres. **Trichie.**
- Corselet le plus souvent en trapèze; appendice triangulaire à la base extérieure des élytr. **Cétoine.**

large ; corps convexe ou déprimé ; point d'appendices . . . . **Hanneton.**

en demi-cercle,

- inégaux ; élytres voutées ; tête et corselet souvent cornus ; un écusson. . . . . **Géotrupe.**
- Écusson nul ou peu distinct . . . . **Bousier.**
- Écusson distinct . . . . **Aphodie.**

court, ordinairement triangulaire ; antennes de 9 à 10 articles. **Scarabée.**

1er Genre.

Trichie [2], *Trichius*. Fabricius.

Chaperon formant un carré allongé ; corselet arrondi, sans appendices ; mandibules presque membraneuses.

1. T. Ermite ; *T. Eremita.*

D'un noir ou marron cuivreux ; sillon longitudinal sur le corselet et sur l'écusson.

Latreille, tom. 10, n° 1 , pag. 229, pl. 85 , fig. 6.

Elle a plus d'un pouce de longueur, varie du marron au noir cuivreux luisant. Le corselet a deux tubercules arrondis et un sillon dont les bords sont élevés en arête. Les élytres ont quelques lignes peu marquées, et sont un peu rugeuses.

Dans le terreau des vieux arbres. Assez rare près de Thizy.

---

[1] On se rappellera que le *chaperon* est la partie du front qui se prolonge jusque sur le *labre* dont il est très-distinct.

[2] Étym. Τριχίος, *poilu ;* plusieurs espèces étant couvertes de poils.

2. T. Fasciée; *T. Fasciatus.*

Élytres jaunâtres, avec trois gros points carrés, noirs sur leur bord extérieur.

Geoff., Scarabée 16, pag. 80, *la Livrée d'ancre.*

Lat., tom. 10, nº 4, pag. 230.

Elle a environ six lignes de long, noire, mais toute couverte d'un duvet jaune, surtout sur le corselet. Les élytres ont trois points ou espèces de dents carrées, dont la base touche au bord extérieur, et n'atteint pas la suture noire des étuis; ces points semblent former trois bandes.

Très-commune sur les fleurs dans les montagnes du Lyonnais.

T. Noble; *T. Nobilis.*

D'un vert doré ou cuivreux; abdomen tacheté de blanc.

Geoff., Scarabée 6, pag. 73, *le Verdet.*

Lat., tom. 10, nº 2, pag. 230.

Elle est d'un vert doré ou cuivreux luisant. Les élytres sont raboteuses.

Lyonnais.

4. T. Hémiptère; *T. Hemipterus.*

Deux sillons longitudinaux sur le corselet; élytres raccourcies.

Geoff., nº 12, tom. I, pag. 78, *le Scarabée à tarière.*

Lat., nº 6. tom. 10, pag. 231.

Elle est noire, avec des taches grises. L'abdomen est gris; son dernier anneau se prolonge en tarière dans la femelle.

Lyonnais.

2.*me Genre.*

Cétoine [1], *Cetonia.* Fabricius.

Chaperon formant un carré allongé ; corselet le plus souvent en trapèze ; appendice triangulaire à la base des élytres.

1. C. Fastueuse; *C. Fastuosa.*

En dessus d'un beau vert avec des reflets d'or ; élytres sans taches.

Lat., n° 8, tom. 10, pag. 222.

La plus grande espèce de nos pays, le sternum a une ligne imprimée. Les tarses sont d'un vert bleuâtre.

Près de Beaucaire, Nîmes, etc.

2. C. Dorée; *C. Aurata.*

Élytres d'un vert doré ou bronzé, avec des taches blanches ondées ; deux nervures saillantes sur chaque étui.

Geoff. Scar., n° 5, tom. 1, pag. 73, *Émeraudine.*
Lat., n° 5, tom. 10, pag. 220.

Dessus du corps doré, ponctué; ligne imprimée sur le sternum ; nervures des élytres aboutissant à une petite bosse à l'extrémité des étuis.

Très-commune sur les roses, les fleurs en ombelles, etc.

3. C. Velue; *C. Hirta.*

Noirâtre, hérissée de poils roux ; corselet partagé par une ligne saillante.

Geoff., Scar., n° 17, tom. 1, pag. 81, *l'Arlequin velu.*
Lat., n° 11, pag. 225, t. 10.
Elle a six lignes de long. Le chaperon est échancré et

Étym. inconnue.

forme deux dents aiguës. On remarque sur les élytres des taches blanchâtres, qui manquent souvent.

Commune dans les montagnes du Lyonnais.

4. C. Stictique; *C. Stictica.*

D'un noir bronzé, glabre ou peu velue ; ornée en dessus de points blancs.

Geoff., Scar., n° 14, tom. 1, pag. 79, *le Drap mortuaire.*
Lat., n° 12, pag. 225.

La ligne élevée du corselet est moins marquée que dans la précédente. Les angles du chaperon sont obtus.

Lyonnais.

3.me Genre.

Hanneton, *Melolontha* [1] . Fabricius.

Chaperon ordinairement large; point d'appendice à la base des élytres; corps convexe ou déprimé.

A. *Corps aplati, recouvert de petites écailles.*

1. H. Écailleux; *M. Squammosa.*

D'une brillante couleur d'azur en dessus ; d'un blanc d'argent luisant en dessous.

Geoff., Scar., n° 13, tom. 1, pag. 79, *l'Écailleux violet.*
Lat., tom. 10, pag. 197.

Le plus bel insecte de France. La couleur argentée du dessous du corps a le plus souvent une petite teinte verdâtre.

Très-commun dans le midi de la France et dans les montagnes du Lyonnais, sur les plantes des prés qui bordent les ruisseaux.

---

1 Étym., Μηλολονθη, employé par Aristote.

2. H. Farineux; *M. Farinosa.*

D'un jaune verdâtre, mat en dessus; d'un blanc verdâtre-argenté, brillant en dessous.

Lat., tom. 10, n° 24, pag. 193.

Les étuis restent bruns, lorsque la poussière verdâtre qui les couvre est enlevée.

Lyonnais, midi de la France; sur les fleurs.

3. H. Poudreux; *M. Pulverulenta.*

D'un vert argenté; pattes testacées.

Lat., tom. 10, n° 25, pag. 199.

Est de la France.

B. *Antennes de neuf articles; corps déprimé.*

4. H. Horticole; *M. Horticola.*

D'un vert noirâtre bronzé; tête et corselet verts; élytres d'un rouge brun sans taches.

Geoff., tom. 1, Sc. n° 8, p. 75, *le petit Hanneton à corselet vert.*
Lat., tom. 10, n° 18, pag. 194.

Il est un peu couvert de poils gris.

Très-commun au mois de mai sur les arbres du Lyonnais.

5. H. Campicole; *M. Campestris.*

Noir; élytres jaunâtres; des taches blanches sur les bords du ventre.

Lat., tom. 10, n° 19, pag. 195.

Il est un peu plus large que le précédent, la suture et quelquefois une partie du contour des élytres sont noires. Les taches du ventre sont formées par des poils.

France méridionale.

C. *Antennes de neuf articles; corps convexe.*

6. H. Ruricole; *M. Ruricola.*

Noir velu; élytres testacées, striées; bords du ventre sans taches.

Geoff., tom. 1, n° 15, pag. 80, *le Scarabée à bordure.*
Lat., tom. 10, n° 17, pag. 194.

La base des antennes et les tarses sont d'un brun foncé;
les élytres sont bordées de noir.

Lyonnais.

7. H. Variable ; *M. Variabilis.*

*D'un noir soyeux, plus foncé en dessus qu'en dessous;
élytres ornées de petites côtes.*

Geoff., tom. 1, n° 24, pag. 84, *le Scarabée couleur de suie.*
Lat., tom. 10, n° 16, pag. 193.

Il est ovale, presque arrondi; les antennes sont fauves.
Dans les lieux sablonneux; dans toute la France.

8. H. de Frisch ; *M. Frischii.*

*D'un vert foncé ou cuivreux en dessous; étuis verts, bleus
ou testacés.*

Lat., tom. 10, n° 14, pag. 191.

Cet insecte varie beaucoup pour la couleur. Son corps
est pointillé; son chaperon est distingué de la tête par une
ligne transverse très-fine. Le sternum a un enfoncement
notable.

Très-commun dans les saulées et sur les bords des ruisseaux.

9. H. Solsticial ; *M. Solstitialis.*

*Il est testacé avec des parties plus foncées; trois lignes
élevées sur les élytres.*

Geoff., tom. 1, pag. 74, *le petit Hanneton d'automne.*
Lat., tom. 10, pag. 187.

Les élytres ont trois ou quatre nervures élevées plus
pâles; le ventre est brun, avec des bandes grises formées
par le duvet qui couvre le bord des anneaux.

Dans toute la France. Se nourrit, suivant M. Duméril, des excrémens des oiseaux.

D. *Antennes de dix articles.*

10. H. ESTIVAL; *M. Æstiva.*
Testacé; élytres pointillées, sans nervures.
Lat., tom. 10, n° 7, pag. 185.

11. H. COTONNEUX; *M. Villosa.*
Fauve; trois lignes sur le corselet formées par un duvet; dessous du corps entièrement cotonneux.
Lat., tom. 10, n° 5, pag. 184.
L'écusson et les cuisses sont également velus.
Lyonnais.

12. H. VULGAIRE, *M. Vulgaris.*
Noir; élytres rougeâtres; taches blanches triangulaires sur les côtés du ventre.
Geoff., tom. 1, n° 3, pag. 70, *le Hanneton.*
Lat., tom. 10, n° 3, pag. 183, pl. 84, fig. 1 - 8.
Son ventre se termine en pointe.
Très-commun dans toute la France.

13. H. FOULON; *M. Fullo.*
Ventre cendré; poitrine velue roussâtre; élytres noires marbrées de blanc.
Geoff., tom. 1, n° 2, p. 69, *le Foulon.*
Lat., tom. 10, n° 1, p. 182.

Le plus grand des Hannetons de France. Son corselet a trois lignes blanches, dont les deux latérales sont coupées.

Midi de la France, dans les lieux secs et sablonneux. Montagnes du Lyonnais, sur les cerisiers principalement.

4.me Genre.

GÉOTRUPE [1], *Geotrupes.* Latreille.

Chaperon à angles inégaux ; élytres voutées ; tête et corselet souvent cornus ; un écusson.

1. G. TIPHOÉE; *G. Tiphœus.*

Corselet armé de trois cornes avancées, dont celle du milieu plus courte.

Geoff., Sc. n° 4, tom. 1, pag. 72, pl. 1, fig. 3, *le Phalangiste.*
Lat., n° 2, tom. 10, pag. 144.

Les pointes du corselet, qui lui ont mérité le nom de Phalangiste par leur ressemblance avec les piques des phalanges macédoniennes, sont plus courtes dans la femelle. Les élytres sont striées.

Montagnes du Lyonnais.

2. G. STERCORAIRE; *G. Stercorarius.*

D'un noir bleuâtre ; corselet sans cornes ; élytres profondément striées.

Geoff., Sc. n° 9, tom. 1, p. 75, *le grand Pilulaire.*
Lat., n° 4, tom. 10, pag. 146.

Le dessus est d'un bleu verdâtre; la massue des antennes est rousse.

Très-commun dans toute la France, où il est connu presque partout sous le nom de *Fouille-merde* ou de *Mère à poux.*

3. G. PRINTANIER; *G. Vernalis.*

D'un bleu noirâtre; élytres sans stries.

---

[1] Étym. γῆ, la terre; τρυπάω, je perce.

Geoff., Sc. n° 10, tom. 1, pag. 77, *le petit Pilulaire.*

Lat., n° 6, tom. 10, pag. 146.

Moins grand que le précédent, le dessous du corps est ordinairement plus bleu.

Commun dans le Lyonnais.

5.ᵐᵉ *Genre.*

Bousier [1], *Copris.*

Chaperon en demi-cercle; écusson nul ou peu distinct; pieds de la seconde paire plus écartés à leur naissance que les autres; corps ovale.

A. *Jambes postérieures longues, sans renflement.*

1. B. Sacré; *C. Sacer.*

Chaperon à six dents; corselet crénelé sur ses bords; élytres presque lisses.

De Lamarck, n° 1, tom. 4, pag. 570.

Lat., Ateuchus, n° 1, tom. 10, pag. 94.

La tête a deux tubercules; les jambes postérieures sont ciliées.

Marseille, midi de la France.

2. B. A large cou; *C. Laticollis.*

Six dents au chaperon; tête sans tubercules; élytres sillonnées.

Olivier, Entom., tom. 1, n° 3, pl. 8, f. 68.

Lat., Ateuchus, n° 4, tom. 10, pag. 95.

Midi de la France.

3. B. Demi-ponctué; *C. Semi-punctatus.*

Chaperon à six dents; tête sans tubercules; élytres lisses.

---

[1] Étym., Κοπρος, bouse.

Olivier, Ent., tom. 1, n° 3.

Lat., n° 3, tom. 10, pag. 95.

Corselet variolé; les cuisses postérieures ont un angle en forme de dent.

France méridionale.

4. B. Pilulaire; *C. Pilularius.*

Noir; chaperon légèrement échancré, avec deux lignes élevées.

Geoff., n° 8, tom. 1, pag. 91, *le Bousier à couture.*

Lat., Ateuc., n° 6, pag. 96, tom. 10.

Les élytres sont échancrées à leur partie latérale, légèrement graveleuses, presque lisses.

Lyonnais.

5. B. De Schæffer; *C. Schæfferi.*

Noir; ventre presque triangulaire; cuisses postérieures renflées et à une dent.

Geoff., tom. 1, n° 9, pag. 92, *le B. Araignée.*

Lat., Ateuc., n° 8, pag. 97.

Le chaperon a une échancrure qui forme deux petites dents. Le corselet et les élytres sont finement chagrinés. Les pattes postérieures sont remarquables par leur longueur.

Commun dans les montagnes du Lyonnais, parmi les crottins de moutons qu'il roule pour y déposer ses œufs.

B. *Pattes postérieures courtes, très-sensiblement renflées à leur extrémité.*

6. B. de Schreiber; *C. Schreiberi.*

Noir, finement pointillé; élytres striées à deux taches rouges.

Geoff., n° 7, tom. 1, pag. 91, *le B. à points rouges.*

Lat., Onthophage, n° 3, tom. 10, pag. 110.

Le chaperon est échancré. Les pattes sont fauves.
Lyonnais.

7. B. Nuchicorne; *C. Nuchicornis.*

D'un noir cuivreux; élytres jaunâtres tachetées de noir.
Geoff., n°° 3 et 4, t. 1, pag. 89.
Lat., Ont., n° 9, pag. 113.

Le mâle a sur la tête une petite corne; la femelle a deux
lignes transverses, et la partie antérieure du corselet
avancée en pointe.

Commun dans les montagnes du Lyonnais, dans les
pâturages fréquentés par les bœufs.

8. B. Taureau; *C. Taurus.*

*Noir; tête à deux cornes arquées dans le mâle, ou a deux
lignes élevées et transverses dans la femelle.*
Geoff., n° 10, tom. 1; pag., 92. *le B. à cornes retroussées.*
Lat., Ont., n° 10, pag. 113.

Il est pointillé, luisant. Son corselet est déprimé en
devant, les étuis sont striés.

Lyonnais; dans les bouses.

9. B. Vache; *C. Vacca.*

D'un vert cuivreux; élytres jaunâtres à points verts.
Geoff., n° 5, tom. 1, pag. 9, *le B. à deux cornes.*
Lat., Ont. n° 13, pag. 115, tom. 10.

Il varie du vert cuivreux au noir bronzé. Le chaperon
est échancré. Au sommet de la tête du mâle s'élève une
pointe qui forme deux petites cornes; on ne voit qu'une
ligne sur celle de la femelle. Son corselet a, sur le devant,
une éminence avancée.

Lyonnais; dans les fumiers de vache.

10. B. Lunaire; *C. Lunaris.*

Noir; chaperon cornu; corselet formant en devant trois divisions, celle du milieu plus large fendue.

Geoff., n° 1, tom. 1, pag. 88, *le B. capucin.*

Lat., n° 2, tom. 10, pag. 100.

Le chaperon a, dans son milieu, une petite échancrure. La fente qui divise la portion du milieu du corselet se prolonge en dessus dans toute la longueur. Les élytres sont sillonnées.

Montagnes du Lyonnais.

11. B. Bison; *C. Bison.*

Noir; tête bi ou tri-cornue; corselet retus, avec un avancement dans son milieu.

Lat., Onite, n° 4, tom. 10, pag. 106.

Le corselet a quatre gros points enfoncés, dont un de chaque côté; son dessus a une petite carène. La femelle n'a que des tubercules ou lignes saillantes.

France méridionale.

6me Genre.

Aphodie [1], *Aphodius.* Illiger.

Chaperon en demi-cercle; écusson distinct; pieds également espacés entre eux à leur naissance; corps ovale-oblong.

A. *Élytres rouges.*

1. A. du Fumier; *A. Fimetarius.*

Noir; massue des antennes, deux taches sur le corselet, et élytres rouges.

---

[1] Étym., Αφοδος, excrément.

Geoff., n° 18, tom. 1, pag. 81, *le Scar, Bedeau*.

Lat., n° 13, pag. 125, tom. 10.

Le Chaperon a trois tubercules. Les élytres ont des stries formées par des points.

Très-commun dans toute la France, dans les fumiers, etc.

2. A. Scrutateur; *A. Scrutator*.

Noir; élytres, ventre, jambes et tarses rougeâtres.

Duméril, Dict. des S. N., n° 3.

Lat., n° 3, tom. 10, pag. 120.

Une des plus grandes espèces de France. Les côtés du corselet sont également rougeâtres.

Lyonnais.

B. *Élytres jaunâtres.*

3. A. Sale; *A. Conspurcatus*.

Noir; élytres livides, tachetées de noir et ornées de stries formées par des points.

Geoff., n° 19, tom. 1, pag. 82, *le Sc. gris des bouses*.

Lat., n° 15, tom. 10, pag. 126.

D'un noir luisant. Les pattes varient du noir au livide.

Très-commun dans le Lyonnais et dans toute la France.

4. A. Merdier; *A. Merdarius*.

Noir; élytres flaves, à suture noire.

Lat., n° 29, tom. 10, pag. 134.

Les élytres sont striées et les pattes sont noires.

Très-commun dans toute la France.

5. A. Livide; *A. Lividus*.

Noir, élytres livides striées; corselet noir à bords jaunâtres marqués d'un point obscur.

Duméril, Dict. de S. N., n° 11.

D'un noir brillant, quelquefois pâle; pattes livides.

Lyonnais.

C. *Élytres noires.*

A. FOSSOYEUR ; *A. Fossor.*

Noir luisant ; élytres striées ; chaperon trituberculé.
Geoff., Sc., n° 20, tom. 1, pag. 82 , *la Tête armée.*
Lat., n° 1, tom. 10, pag. 119.

Le corselet a un enfoncement dans son milieu. Les élytres sont quelquefois brunâtres.
Très-commun en France.

7. A. RUFIPÈDE ; *A. Rufipes.*

Noir; tête, corselet et écusson ponctués; tarses roussâtres.
Geoff. Sc., n° 21 , tom. 1 , pag. 83 , *le Jayet.*
Lat., n° 19, pag. 129 , tom. 10.

Les élytres sont ponctuées entres les stries.
Lyonnais.

7.me Genre.

SCARABÉE , *Scarabæus.* Linnée.

Chaperon court , ordinairement triangulaire ; antennes de 9 à 10 articles.

1. S. SABULEUX ; *S. Sabulosus.*

Noir ; couvert d'une poussière d'un gris cendré ; corselet raboteux ; élytres tuberculées.
Geoff., n° 11 , tom. 1 , pag. 78 , *le Sc. perlé.*
Lat., n° 2 , tom. 10, pag. 152.

La tête a deux petits tubercules; les élytres sont toutes garnies de tubercules rangés ordinairement sur des lignes alternativement plus grosses.

Dans les lieux sablonneux du Lyonnais.

2. S. NASICORNE ; *S. Nasicornis.*

D'un brun marron ; élytres lisses.

Geoff., n° 1, tom. 1, pag. 68, *le Moine*.

Lat., Oryctès, n° 1, pag. 163, tom. 10.

Sa tête a une corne recourbée; son corselet a une éminence tridentée, moins marquée dans la femelle. Ses élytres ont une strie près de la suture.

Toute la France.

3. S. Silène; *S. Silenus*.

D'un brun marron; élytres finement pointillées.

Lat., Oryctès, n° 3, tom. 10, pag. 164.

Semblable au précédent; mais moins grand de moitié. La tête a également une corne. Le corselet a une grande excavation.

Montagnes du Lyonnais.

Lettre Quatorzième.

Les Sphéridies, *Sphæridium*. Fabricius.

1. S. Scarabéoïde; *S. Scarabæoides*.

Noir lisse; élytres à deux taches rouges.

Geoff., tom. 1, pag. 106, n° 17, *Dermeste à quatre points rouges sans stries.*

Lat., n° 1, tom. 10, pag. 78.

L'écusson est allongé. Les deux taches des étuis sont quelquefois réunies; d'autrefois celle de la base est peu marquée.

Dans toute la France, dans les bouses.

2. S. Uniponctué; *S. Unipunctatum*.

Noir; élytres, bords du corselet et pattes jaunâtres.

Duméril, Dict., n° 3.

Lat., n° 4 , pag. 79, tom. 10.

Les élytres ont des stries formées par des points.

Lyonnais.

3. S. Lugubre ; *S. Lugubre.*

D'un noir luisant ; élytres brunes à l'extrémité.

Lat., n° 5 . tom. 10 , pag. 88.

Les élytres ont des stries légères formées par des points. Les pattes sont souvent brunes en tout ou en partie.

Lyonnais.

4. S. a faisceaux ; *S. Fasciculare.*

Noir ; élytres à points jaunes formés par des poils.

Duméril, Dict. , n° 2 , tom. 50 , pag. 213.

Dans les caries du tronc des arbres, principalement des ormes.

Lettre Quinzième.

ESCARBOT , *Hister.* Linné.

A. *Corselet et élytres ayant des lignes élevées.*

1. E. Globuleux ; *H. Globulosus.*

Point de ligne élevée sur la tête ; cinq sur le corselet.

Lat. , n° 1 , tom. 9 , pag. 193.

Les élytres ont trois côtes avec des petites lignes élevées dans les intervalles.

Lyonnais.

B. *Corps convexe ; élytres ayant des stries jusqu'à leur extrémité.*

2. E. Unicolor ; *H. Unicolor.*

Geoff. , n° 1 , tom. 1 , pag. 94 , pl. 1 , f. 4 , *Escarbot noir.*

Lat. , n° 3 , tom. 9 , pag. 195.

Noir, poli et luisant. Les élytres ont au côté extérieur trois ou quatre stries qui parcourent toute leur longueur.

Lyonnais. Dans les chemins, les pâturages.

3. E. Bipustulé; *H. Bipustulatus.*

D'un noir luisant ; une tache rouge sur chaque élytre.

Encycl. méth., tom. 6, n° 10.

Lat., tom. 9, n° 10, pag. 197.

Les étuis n'ont que deux stries. Les jambes de devant ont trois dents.

Lyonnais. Dans les bouses.

4. E. Bimaculé; *H. Bimaculatus.*

Noir luisant ; antennes roussâtres.

Encycl. mét., tom. 6, n° 11.

Lat., tom. 9, n° 10, pag. 197.

Le corselet a un enfoncement vers chacun de ses angles. Ses élytres ont cinq stries et une tache rouge dans leur partie postérieure.

Lyonnais.

5. E. Inégal; *H. Inæqualis.*

Noir; mandibules inégales en grandeur.

Encycl. méth., tom. 6, n° 4, pag. 443.

Lat., n° 6, tom. 9, pag. 196.

Cette espèce est une des plus grandes de cette famille. Ses élytres ont quatre stries, et ses pattes antérieures sont bidentées.

Beaucaire.

C. *Corps convexe en dessus; stries non distinctes depuis la base jusqu'à l'extrémité des élytres.*

6. E. Bronzé; *H. Æneus.*

Bronzé, brillant; élytres lisses dans leur milieu, striées légèrement, et pointillées à leur extrémité.

Geoff., n° 3, tom. 1, p. 95.

Lat., n° 14, tom. 9, p. 199.

Les jambes antérieures sont dentées.

Lyonnais. Il n'est pas rare.

7. E. Picipède; *H. Picipes.*

Noir; antennes et pattes brunes.

Encycl. méth., n° 25, tom. 6, pag. 448.

Lat., n° 16, tom. 9, pag. 200.

Il est légèrement pointillé. Les élytres ont des stries peu marquées; leur extrémité est brune. Les pattes sont faiblement dentées.

Lyonnais.

D. *corps plan en dessus.*

8. E. Déprimé; *H. Depressus.*

Noir brillant; corps déprimé; élytres striées.

Encycl. méth., n° 17, tom. 6, pag. 447.

Lat., n° 19, tom. 9, pag, 201.

La massue des antennes est ferrugineuse; les élytres ont quatre stries; les jambes antérieures quatre dents.

Sous l'écorce des arbres. Dans les montagnes du Lyonnais.

Lettre Seizième.

LES BYRRHES.

Se subdivisent ainsi :

Antennes		
En massue solide, logées dans une rainure du corselet; jambes se repliant sur le côté postérieur des cuisses . . .	Anthrène.
Libres, en massue allongée, à articles distincts	Byrrhe.

1ᵉʳ Genre.

ANTHRÈNE [1], *Anthrenus.*

Antennes en massue solide, logées dans une rainure du corselet; jambes se repliant sur le côté postérieur des cuisses.

1. A. BRODÉ; *A. Pimpinellæ.*

Noir; couvert en dessous d'écailles blanches; une bande blanche sinuée sur les étuis.

Geoff., n° 1, tom. 1, pag. 114, pl. 1, fig. 7.

Cat., n° 1, tom. 9, pag. 218.

Corps varié en dessus de blanc, de rouge et de noir. Extrémité des élytres ornée de points blancs.

Très-commun sur les fleurs, dans les jardins.

2. A. DE LA SCROPHULAIRE; *A. Scrophulariæ.*

Noir; couvert en dessous d'écailles blanches; élytres à suture rouge.

Lat., n° 2, tom. 9, pag. 219.

Lamarck. Animaux sans vertèbres, tom. 4, n° 1.

Le corselet est noir, bordé de blanc; les élytres ont des bandes grises.

Lyonnais.

3. A. DESTRUCTEUR; *A. Destructor.*

Noir; gris en dessous; jambes et tarses rougeâtres.

Lat., n° 4, tom. 9, pag. 219.

Les côtés du corselet sont gris. Les élytres ont deux bandes transverses et une tache d'un gris jaunâtre.

---

[1] Étym., Ανθος, fleur. Parce qu'on les trouve en très-grand nombre sur les fleurs.

Sa larve se trouve dans les collections et l'insecte sur les fleurs. Lyonnais.

4. A. Fascié; *A. Verbasii.*

Noir; écailles du dessous grises; trois bandes blanchâtres sur les élytres.

Geoff., n° 2, tom. 1, pag. 115, *l'Amourette.*

Lat., n° 3, tom. 9, pag. 219.

Le dessus de son corps est couvert d'écailles jaunâtres. Les côtés du corselet, le milieu de son bord postérieur sont gris. Les pattes sont noires.

Les larves sont encore un fléau pour les collections. L'insecte se rencontre fréquemment sur les fleurs et dans les maisons. Très-commun dans le Lyonnais.

2.me *Genre.*

BYRRHE, *Byrrhus.*

Antennes libres, en massue allongée, à articles distincts.

1. B. Pilule; *B. Pilula.*

Noir en dessous; d'un brun roussâtre en dessus; cinq ou six bandes longitudinales plus noires sur les élytres.

Geoff., n° 1, tom. 1, pag. 116, *la Cistèle satinée.*

Lat., n° 1, tom. 9, pag. 205.

Le dessus de son corps est comme couvert de petits poils très-courts, qui lui donnent une nuance verdâtre. Son corselet est finement pointillé; ses élytres ont cinq ou six côtes noires lisses, peu élevées, séparées par des bandes plus claires et d'une couleur mate.

Lyonnais. Dans les chemins.

2. B. Fascié; *B. Fasciatus.*

Noir; bande roussâtre, ondée sur les étuis.

Geoff., n° 2, tom. 1, pag. 116, *la Cistèle à bande.*
Lat., tom. 9, pag. 205, n° 2.

Le dessous est d'un noir lisse; le dessus d'un brun rendu velouté par les petits poils dont il est couvert. Le milieu du corselet et de la tête offre une plaque du même duvet.

Moins commun que le précédent. Il se trouve parmi les mousses.

3. B. Strié; *B. Striatus.*
Noir; dix côtes longitudinales sur les élytres.
Lat., n° 3, tom. 9, pag. 208.
Le corselet est lisse.
Montagnes du Lyonnais.

4. B. Brillant; *B. Nitens.*
Brun en dessous; d'un noir brillant en dessus.
Geoff., n° 3, tom. 1, pag. 217, *la Cistèle noire lisse.*
Boitard, Manuel d'Entomol., pag. 301.

Le dessus est noir luisant ou bronzé, finement pointillé.
Lyonnais.

Lettre Dix-septième.

DERMESTE, *Dermestes.*

De tous les moyens préservatifs qu'on emploie pour garantir des ravages des insectes destructeurs les animaux des collections, le savon arsénical de Bécœur mérite à bon droit la préférence. Voici la manière de le préparer :

Prenez une demi-once de chaux vive ;

Un gros et demi de sel de tartre ;

Cinq gros de camphre ;

Quatre onces d'arsenic ;

Quatre onces de savon blanc ;

Faites dissoudre le camphre dans une quantité suffisante d'esprit de vin ; ajoutez l'arsenic, le sel de tartre et la chaux vive ; broyez le savon avec ce mélange, et conservez le tout dans un bocal pour vous en servir au besoin.

Des expériences positives ont offert, au bout d'une année, dans un état parfait de conservation, des oiseaux qui avaient été soumis à ce préservatif ; tandis que, dans la même boîte, d'autres espèces de ces animaux emplumés, qui n'avaient pas été humectés avec cette préparation, étaient réduits en poussière.

A. *Sternum avancé en mentonnière.*

D. Ondé ; *D. Undatus.*

Noir ; deux bandes blanches, transverses, ondées sur les étuis.

Lamarck, Mégatome, n° 1, t. 4, pag. 550.

Latreille, Attagène, n° 1, tom. 9, pag. 243.

Le corselet a de chaque côté une tache blanche. Ces taches, ainsi que celles des élytres, sont formées par des poils.

Il se trouve sur les arbres.

2. D. Serra ; *D. Serricorne.*

D'un noir luisant ; antennes et pattes ferrugineuses.

Encycl. méth., n° 8, *le Destructeur.*

Lat., Attagène, n° 4, pag. 244, tom. 9.

Les mâles ont les deux premiers articles de la massue des antennes dentés en scie.

Lyonnais.

B. *Sternum non avancé en mentonnière.*

3. D. Du lard ; *D. Lardarius.*

Noir ; partie antérieure des élytres cendrée.

Geoff., n° 5, tom. 1, pag. 101.
Lat., n° 1, tom. 9, pag. 240.

La couleur cendrée qu'on remarque sur les étuis est formée par des poils serrés et très-courts ; cette bande grise est tachée de quelques points noirs.

Très-commun dans les maisons.

4. D. Pelletier; *D. Pellio.*

Noir ; un point blanc sur chaque étui.

Geoff., n° 4, tom. 1, pag. 100, *le D. à deux points blancs.*
Lat., n° 6, tom. 9, pag. 241.

Il est brun ou noir luisant. Son corselet a aussi deux petits points blancs, mais moins marqués.

Sa larve ronge les pelleteries, les animaux des collections, etc.

Très-commun dans les maisons.

5. D. Souris; *D. Murinus.*

Blanc en dessous ; couvert de poils gris en dessus ; écusson jaunâtre.

Geoff., n° 7, tom. 11, pag. 102, *le D. à écusson jaune.*
Lat., n° 2, tom. 9, pag. 240.

Le dessus de son corps est gris un peu mélangé de noir ; les côtés de son ventre ont des points noirs.

Lyonnais. Dans les animaux morts.

6. D. Atre; *D. Ater.*

D'un noir profond ; antennes brunes.

Encycl. méth., n° 6, pag. 267, tom. 6.
Lat., n° 3, pag. 241, tom. 9.

Il est de la grandeur du précédent, noir sans taches.
Lyonnais. Dans les cadavres.

7. D. RENARD; *D. Vulpinus.*

Dessous du corps blanc, soyeux, avec des points noirs sur les côtés du ventre.

Encyclopédie méth., n° 4, tom. 6, pag. 266.

Lat., n° 5, tom. 9, pag. 241.

Il a environ trois lignes de long. Le dessus du corps est couvert d'un duvet cendré. L'écusson et les côtés du corselet sont gris; les pattes et les antennes sont noirs.

Lyonnais.

Lettre Dix-huitième.

LES BOUCLIERS.

Division :

Corps { **ovale ou oblong**, **déprimé** }

ové, rétréci et pointu aux deux bouts; massue des antennes de cinq articles; étuis écourtés; pieds grêles. . . . . 1. SCAPHIDIE.

arqué; tête inclinée; massue allongée de cinq articles. 2. CHOLÈVE.

Corselet non en forme de bouclier; étuis couvrant le plus souvent tout le ventre; mandibules fendues à leur extrémité . . . . 3. NITIDULE.

Corselet en forme de bouclier, souvent aplati, presque orbiculaire; mandibules entières.

Tête petite, beaucoup moins large que la partie antérieure du corselet; antennes aussi longues que le corselet, en massue souvent allongée. . . . . . . 4. BOUCLIER.

Tête aussi large que l'extrémité antérieure du corselet; étuis écourtés, tronqués; antennes en massue brusque, plus courtes que le corselet. 5. NÉCROPHORE.

1ᵉʳ Genre.

SCAPHIDIE [1], *Scaphidium.* Olivier.

A. *Écusson distinct.*

1. S. IMMACULÉE; *Immaculatum.*

D'un noir luisant; élytres pointillées en forme de stries.

Dict. des sc. nat., tom. 48, p. 23, n° 4.

Lat., tom. 9, n° 2, pag. 247.

Dans les bois, les bolets.

2. S. QUADRIMACULÉE; *S. Quadrimaculatum.*

Noire; deux taches rouges sur chaque élytre.

Lat., n° 1, tom. 9, pag. 247.

Les étuis ont des stries formées par des points.
Dans les champignons.

B. *Écusson nul.*

3. S. DES AGARICS; *S. Agaricinum.*

D'un noir luisant; pattes brunes.

Lamarck, n° 3, tom. 4, pag. 560.

Lat., n° 3, tom. 9, pag. 248.

L'extrémité des étuis est un peu pâle.

Lyonnais. Dans les agarics.

2ᵐᵉ Genre.

CHOLÈVE [2], *Choleva.* Latreille.

1. C. TRISTE; *C. Tristis.*

Noirs; sans stries; base des antennes plus pâle.

---

[1] Étym., Σκαφη, bateau; ἰδεα, forme.
[2] Χωλοσο, boiteux, à cause de leur démarche.

Geoff., tom. 1, n° 10, pag. 123, *le Bouclier brun velouté*.

Lat., n° 3, tom. 9, pag. 251.

Elle a environ deux lignes de long. Son corps est couvert de poils courts qui rendent la couleur changeante.

Lyonnais. Dans les lieux sablonneux.

2. C. Soyeuse; *C. Sericea.*

Noirâtre, couverte d'un duvet soyeux; antennes, élytres et pieds bruns.

Lat., n° 2, tom. 9, pag. 251.

Lamarck, n° 2, tom. 4, pag. 561.

Lyonnais.

3.me Genre.

Nitidule [1], *Nitidula.* Fabricius.

A. *Trois premiers articles des tarses courts, garnis de brosses en dessous.*

1. N. Obscure; *N. Obscura.*

Noire; pattes fauves.

Geoff., n° 21, pag. 108, *le Dermeste noir à pattes fauves.*

Lat., n° 1, tom. 10, pag. 28.

Ses étuis, vus à la loupe, sont finement pointillés. Dans les cadavres.

2. N. Bipustulée; *N. Bipustulata.*

Brune; un point rouge sur chaque étui.

Geoff., n° 3, pag. 100, tom. 1, *le Dermeste à deux points rouges.*

Lat., n° 3, tom. 11, pag. 29.

Son corps est peu luisant. Ses pattes sont d'un rouge brun.

Dans les matières animales desséchées. Commun près de Thizy.

---

[1] Étym., *nitidus*, brillant. Leurs étuis sont ordinairement polis, mais peu brillans. Ces insectes sont en général de petite taille.

3. N. Quadrimouchetée; *N. Quadriguttata.*

Noire, brillante; élytres ornées de deux taches blanches, dont l'antérieure est sinuée.

Encycl. méth., n° 15, tom. 8, pag. 213.

Lat., n° 11, tom. 10, pag. 32.

Le corselet et les élytres sont finement pointillés.
Sous les écorces des arbres.

4. N. Immaculée; *N. Immaculata.*

D'un brun ferrugineux; milieu du corselet plus obscur.

Olivier, Entomol., tom. 2, pag. 12, pl. 2, fig. 16, a, b.

Lat., n° 13, tom. 10, pag. 33.

Elle a environ deux lignes de long. L'écusson et le dessous du corps sont noirâtres.

Lyonnais.

5. N. Bigarrée; *N. Variegata.*

Dessous du corps d'un brun noir; élytres variées de fauve et de noir.

Geoff., n° 13, tom. 1, pag. 104, *le Dermeste panaché.*

Lat., n° 16, tom. 10, pag. 34.

La tête de cet insecte est noire; ses antennes brunes ou fauves, ainsi que les bords de son corselet.
Sous les écorces des arbres.

6. N. Discoïde; *N. Discoidea.*

Brune; base des antennes, bords du corselet et milieu des élytres fauves.

Encycl. mét., n° 30, tom. 8, pag. 215.

Lat., n° 18, tom. 10, pag. 35.

Le corselet a deux points enfoncés vers le bord postérieur.

Dans les substances animales en putréfaction.

7. N. Ondée; *N. Undata.*

*Noire; bords du corselet ferrugineux; deux raies pâles,
ondées sur les étuis.*

Lat., nº 20, tom. 10, pag. 36.

Olivier, Ent., tom. 2, nº 18, pl. 3, fig. 17.

Elle ressemble à la précédente. Les antennes et les pattes
sont brunes.

Lyonnais.

8. N. Striée; *N. Striata.*

*Pubescente, d'un brun ferrugineux; élytres striées, noirâtres
à leur extrémité.*

Lat., nº 21, tom. 10, pag. 36.

La suture des élytres est également noire.

Montagnes du Lyonnais.

9. N. Bronzée; *N. Ænea.*

Noire en dessous; d'un vert ou noir bleuâtre en dessus.

Geoff., nº 30, tom. 1, pag. 86, *le petit Scarabée des fleurs.*

Lat., nº 26, tom. 10, pag. 36.

Les antennes et les pattes sont noirâtres. Elle n'a guère
qu'une ligne de long.

Très-commune sur les fleurs.

10. N. Rufipède; *N. Rufipes.*

D'un noir bleuâtre; base des antennes et pattes fauves.

Lat., nº 33, tom. 10, pag. 40.

De la grandeur à peu près de la précédente. Les articulations des pattes sont noires.

Commune sur les fleurs.

11. N. Tomenteuse; *N. Tomentosa.*

D'un jaune fauve; yeux noirs.

Geoff., tom. 1, pag. 102, Dermeste, nº 8, *le Velour jaune.*

Lat., n° 1, Byture, pag. 41, tom. 10.

Elle a environ deux lignes de long. Sa couleur varie du jaunâtre au gris verdâtre.

Lyonnais. Dans les vieux bois, sur les fleurs.

B. *Quatre premiers articles de tarses presque cylindriques;*

12. N. Célérière ; *N. Cellaris.*

Fauve; deux petites dents de chaque côté du corselet.

Lat., Ips., n° 1, tom. 10, p. 18.

Elle a environ une ligne de long; son corps est un peu pubescent. Le corselet et les étuis sont finement pointillés.

Lyonnais. Elle semble n'avoir que quatre articles aux tarses, le pénultième étant très-court.

4me Genre.

Bouclier, *Sylpha.* Linné.

1. B. Littoral ; *S. Littoralis.*

Noir; massue des antennes fauves; élytres chargées de trois lignes élevées et d'une bosse transversale.

Geoff., n° 3, tom. 1, pag. 120, *le B. à bosses.*

Lat., n° 1, tom. 9, pag. 256.

Il a environ neuf lignes de long.

Lyonnais. Commun dans les charognes.

2. B. Thoracique ; *S. Thoracica.*

Noir; corselet rougeâtre, comme velouté.

Geoff., n° 6, tom. 1, pag. 121, *B. à corselet jaune.*

Lat., n° 4, tom. 9, pag. 157.

Les étuis ont trois lignes élevées, dont l'antérieure rentre en dedans et forme une bosse.

Lyonnais.

3. B. Raboteux ; *S. Rugosa*.

D'un noir sale; corselet raboteux ; élytres à trois lignes saillantes avec des rides transverses.

Geoff., n° 4 , t. 1 , p. 120, *le B. chiffonné , à corselet raboteux.*
Lat., n° 5 , t. 9 , pag. 158.

Il a cinq lignes de long. Le corselet a des points élevés d'une couleur plus noire que le reste du corps.
Lyonnais. Commun dans les cadavres.

4. B. Quadriponctué ; *S. Quadripunctata*.

Noir ; bords du corselet et étuis jaunes ornés de quatre points noirs.

Geoff., n° 7 , pl. 2 , fig. 1 , *le B. jaune , à taches noires.*
Lat. , n° 1 , tom. 9 , pag. 160.

Il a six à sept lignes de long. L'écusson est noir ainsi que la tête, les antennes et les pattes.
Lyonnais. A Saint-Jean-la-Bussière, dans les bois; mais il est très-rare.

5. B. Obscur ; *S. Obscura*.

Noir , finement pointillé ; élytres chargées de trois lignes élevées , droites.

Geoff., n° 1, tom. 1, pag. 118, *le B. à trois raies et corselet lisse.*
Lat., n° 12 , tom. 9 , pag. 261.

Il a six lignes de long ; tout le dessus de son corps est d'un noir mat, très-finement pointillé. La ligne du milieu des élytres est la plus longue.
Commun près de Thizy.

6. B. Lisse ; *S. Lœvigata*.

Noir ; sans lignes élevées sur les élytres.
Geoff., tom. 1 , pag. 122 , n° 8, *la Gouttière.*
Lat., n° 15 , tom. 9 , pag. 262.

Il a six lignes de long. Le dessus de son corps est d'un noir peu luisant, très-finement pointillé.

Lyonnais. Dans les bois pourris.

5.me Genre.

Nécrophore [1], *Necrophorus.* Fabricius.

1. N. Fossoyeur ; *N. Vespillo.*

Noir ; élytres ornées de deux bandes de couleur orange.

Geoff., n° 1, tom. 1, pag. 98, *le Dermeste à points de Hongrie.*

Lat., n° 1, tom. 9, pag. 170.

Il a dix lignes de long. La massue des antennes est ferrugineuse.

Commun dans toute la France. Sous le cadavre des petits animaux.

2. N. Germanique ; *N. Germanicus.*

Noir ; front et bord des élytres roux.

Geoff., tom. 1, n° 2, *le grand Dermeste noir.*

Lat., tom. 9, pag. 170, n° 3.

Il a quinze lignes de long. Chaque élytre a deux lignes élevées peu apparentes.

Dans les mêmes lieux que le précédent.

---

[1] Étym. Νεκρος, mort ; φορω, je porte.

Lettre Dix-neuvième.

PARNE, *Parnus.* Fabricius.

1. P. AURICULÉ; *P. Auriculatus.*

Noir en dessus; couvert en dessous d'un duvet roussâtre; cuisses brunes.

Geoff., n° 11, pag. 103, *le Dermeste à oreilles.*

Lat., n° 1, Dryops, pag. 225, tom. 9.

Il a deux lignes de long. Le dessous de son corps est verdâtre en dessous. Le corselet est très-pointillé.

Dans les eaux stagnantes ou sur le bord des mares. Lyonnais.

Lettre Vingtième.

GYRIN, *Gyrinus.* Linné.

1. G. NAGEUR; *G. Natator.*

D'un noir brillant; pattes ferrugineuses.

Geoff., pag. 194, n° 1, pl. 3, fig. 3, *le Tourniquet.*

Lat., n° 1, tom. 8, pag. 153, pl. 69, fig. 1, 2, 3, 4, 7.

En y regardant de près, on remarque des petits points rangés sur ses étuis en forme de stries.

Très-commun sur les eaux stagnantes.

2. G. STRIÉ; *G. Striatus.*

D'un vert bronzé brillant; élytres striées.

Olivier, Encycl. méth., tom. 6, n° 2, pag. 701.

Son corselet et ses élytres sont bordés de jaune. Nîmes.

Lettre Vingt-unième.

HYDROPHILES.

On subdivise cette famille en deux genres :

En massue perfoliée ; pattes postérieures natatoires ; corps elliptique, en carène en dessous. . . . . 1. HYDROPHILE.

En massue solide ; pattes propres à la marche ; corps ovale oblong, aplati en dessous. . . . . 2. ÉLOPHORE.

Antennes

1er Genre.

HYDROPHILE, *Hydrophilus*. Geoffroy.

A. *Sternum prolongé en pointe.*

1. H. BRUN ; *H. Piceus.*

Noir ; trois sillons sur les élytres formés par de petits points.

Geoff., n° 1, pag. 182, pl. 3, fig. 1, *le grand Hyd.*

Lat., n° 1, tom. 10, p. 61.

Un des plus grands coléoptères de France. Ses antennes, ses palpes et ses tarses antérieures sont d'un ferrugineux obscur.

C'est principalement sur cet insecte, dans ses divers états, que M. Miger a fait les observations intéressantes dont il a enrichi les Annales du Mus. d'Hist. natur. Suivant ce savant, cet insecte passe une quinzaine de jours sous la forme d'œuf, mène une vie active pendant deux mois sous la figure de larve, se repose environ trois semaines dans la cellule qui le cache comme nymphe, et ne parvient ainsi au terme le plus glorieux de son existence que le quatre-vingt-dix-huitième jour après la ponte de la mère.

Les larves de cette espèce et de plusieurs autres, ont la singulière propriété de pouvoir s'allonger et se rendre mollasses, pour tromper et dégoûter le bec avide de l'oiseau qui les atteint dans la vase.

2. H. Caraboïde ; *H. Caraboides.*

D'un noir luisant; élytres striées légèrement par des points.

Geoff., n° 2, pag. 183, *l'H. noir picoté.*

Lat., n° 6, pag. 62, tom. 10.

Il a huit lignes, c'est-à-dire, la moitié de la longueur du précédent. Les élytres ont chacune cinq lignes de points, dont les trois plus rapprochées du bord extérieur sont irrégulières. La pointe du sternum ne dépasse pas l'origine des pattes postérieures.

Commun dans les étangs de l'ancienne Dombe.

B. Sternum non prolongé en pointe.

3. H. Orbiculaire ; *H. Orbicularis.*

Noir; lisse, sans stries, mais très-finement pointillé.

Geoff., n° 3, tom. 1, pag. 184, *l'H. lisse à points.*

Lat., n° 8, tom. 10, pag. 64.

Il n'a guère plus de deux lignes de long. Son corps est presque hémisphérique.

Lyonnais.

4. H. Fuscipède ; *H. Fuscipes.*

Noir luisant ; élytres striées; pattes brunes.

Geoff., n° 4, pag. 184, *l'H. noir strié.*

Lat., n° 6, tom. 10, pag. 69.

Il a environ quatre lignes de long. Ses antennes sont d'un brun ferrugineux.

Lyonnais.

5. H. Luride ; *H. Luridus.*

Corselet et élytres d'un gris jaunâtre ; antennes et pattes fauves.

Oliv., Ent., tom. 3, n° 39, pl. 1, f. 3, a, b, c, f.

Lat., n° 9, tom. 10, pag. 65.

Il a environ deux lignes de long. Son corselet a dans son milieu une tache brune; ses élytres ont des lignes formées par des points et sont souvent ornées de points noirâtres. La base de ses cuisses est noire.

Lyonnais.

6. H. Livide; *H. Lividus.*

Dessous du corps noir; tête, corselet et pattes d'un fauve pâle.

Geoff., n° 5, pag. 184, *l'H. fauve.*
Lat., n° 11, tom. 10, pag. 66.

Il a deux lignes de long. Ses antennes sont pâles; ses élytres sont lisses, jaunes ou ferrugineuses; la base de ses cuisses est noire.

Lyonnais.

7. H. Nain; *H. Minutus.*

Noir; bords du corselet pâles; élytres grises.
Oliv., Ent., tom. 3, n° 39, pl. 2, f. 13, a, b.
Lat., n° 12, tom. 10, pag. 67.

Un des plus petits Hydrophiles de nos pays. Il n'a guère qu'une ligne de long. Les élytres sont jaunâtres, avec des points enfoncés obscurs qui leur donnent une couleur grise; les pattes sont ferrugineuses avec la base des cuisses noires.

Lyonnais.

2.me Genre.

Elophore [1], *Elophorus.* Fabricius.

1. E. Aquatique; *E. Aquaticus.*

---

[1] Étym. Ελος, marais; φορυῶ, je pénètre.

*Cuivreux ou bronzé en dessus; corselet à cinq sillons;
élytres à stries de points.*

Geoff., n° 15, pag. 105, *le Dermeste bronzé.*

Lat., n° 1, tom. 10, pag. 75.

Il a deux lignes de long. Son corps est noir en dessous.
Les sillons du corselet sont ondés, excepté celui du milieu
qui est droit.

Très-commun près de Thizy.

2. E. Nubile; *E. Nubilus.*

Grisâtre en dessus; corselet et élytres sillonnés raboteux.

Oliv., Encycl. mét., tom. 6, n° 2, pag. 381.

Lat., n° 2, tom. 10, pag. 75.

Le dessous du corps est obscur. Les antennes et les
pattes sont ferrugineuses.

Lyonnais.

Lettre Vingt-deuxième.

DYTIQUES.

Division de cette famille :

Antennes —
De dix articles; cuisses postérieures recouvertes d'une lame en forme de bouclier. . . . . 1.   HALIPLE.
De onze articles; cuisses postérieures libres. — Écusson nul. 2. HYPHYDRE. — Un écusson. 3. DYTIQUE.

1er Genre.

HALIPLE [1], *Haliplus*. Latreille.

1. H. IMPRIMÉ; *H. Impressus.*

Jaunâtre ; élytres grisâtres, ayant plusieurs rangs de points noirs et enfoncés.

Geoff., tom. 1, pag. 191, n° 12, *le Dytique strié à corselet jaune.*

Lat., tom. 8, n° 2, pag. 182.

Long d'une ligne. Tête pâle en devant, brune en arrière. Corselet et pattes ferrugineux.

Lyonnais. Dans les eaux.

2. H. OBLIQUE ; *H. Obliquus.*

Ferrugineux ; élytres ornées de cinq taches obscures obliques.

Lamarck, n° 1, tom. 4, pag. 531.

Lat., n° 1, tom. 8, pag. 182.

Il a environ deux lignes de long.

Lyonnais. Dans les étangs et les mares.

2me Genre.

HYPHYDRE [2], *Hyphydrus.* Illiger.

A. *Cinq articles distincts aux tarses antérieurs ; antennes fusiformes.*

1. H. CRASSICORNE; *H. Crassicornis.*

Brun; tête et corselet fauves.

Geoff., n° 15, pag. 193, *le Dyt. à grosses antennes.*

Lat., Dyt., n° 37, tom. 8, pag. 173.

---

[1] Étym. Ἁλίπλοος, qui nage dans la mer.
[2] Étym. Ὑπὸ, sous ; ὑδωρ, eau.

Il a deux lignes de long. Les antennes et les pattes sont de la couleur du corselet.

Lyonnais.

2. H. Melanophtalme ; *H. Melanophtalmus.*

Jaunâtre en dessous ; tête et corselet de même couleur ; yeux noirs.

Geoff., n° 11, pag. 191, *Le Dyt. aux yeux noirs.*

Oliv., Encycl. méth., n° 63, tom. 6, page. 319.

Il a à peine deux lignes de long. Ses étuis sont lisses, mélangés de noir et de jaune.

Lyonnais.

B. Quatre articles seulement distincts aux tarses antérieures.

3. H. Ové ; *H. Ovatus.*

Tête et corselet ferrugineux ; élytres brunes.

Geoff., n° 10, pag. 191, *le Dyt. sphérique.*

Lat., D., n° 39, tom. 8, pag. 178.

Il a deux lignes de long, sur une ligne et demie de large. Les antennes, les pattes et le dessous du corps sont fauves. Les yeux sont bruns, ainsi que deux taches qu'on remarque sur le corselet.

Lyonnais.

4. H. Ovale ; *H. Ovalis.*

Ferrugineux ; corselet immaculé.

Lat., Dyt., n° 40, pag. 179.

Il ressemble au précédent ; mais son corselet est sans tache.

Montagnes du Lyonnais.

5. H. Picipède ; *H. Picipes.*

Noir ; corselet fauve en devant ; élytres ornées de lignes longitudinales ferrugineuses.

Encycl. méth., D., n° 47, tom. 6, pag. 316.

Lat., D, n° 35, t. 8, pag. 176.

Il a trois lignes de long. La tête et les pattes sont ferrugineuses.

Bresse.

6. H. Unistrié; *H. Unistriatus.*

Noir; élytres jaunes à leur base et à leur bord extérieur, et marquées d'une seule strie.

Geoff., n° 14, pag. 192, *le Dytique à une seule strie.*

Oliv., Encycl. méth., n° 62, tom. 6, pag. 318.

Il a une ligne de long. La base des antennes est jaunâtre; le corselet a deux lignes longitudinales enfoncées; l'extrémité des étuis est de la couleur de la base; la strie se trouve près de la suture.

Lyonnais.

7. H. A six pustules; *H. Sexpustulatus.*

Noir; trois taches jaunes sur chaque élytre.

Geoff., n° 8, pag. 190, *le Dyt. à bordure panachée.*

Lat., n° 36, tom. 8, pag. 177.

Il a deux lignes de long. La base de ses antennes, sa tête, les bords de son corselet et ses pattes sont ferrugineux.

Lyonnais.

8. H. Granulaire; *H. Granularis.*

Noir; deux lignes diaphanes, longitudinales, et réunies postérieurement sur les élytres.

Encycl. méth., n° 52, tom. 6, pag. 316.

Lat., tom. 8. n° 29, pag. 174.

De la grandeur d'une puce. Les bords latéraux du corselet et les pieds sont ferrugineux.

Lyonnais.

3me Genre.

DYTIQUE, *Dytiscus.* Linné.

A. *Corps très-bombé ; antennes plus courtes que le corselet et la tête.*

1. D. D'HERMANN; *D. Hermanni.*

Ferrugineux ; élytres raboteuses, noires, excepté à la base de leur bord extérieur.

Lat., n° 42, tom. 8, pag. 180.

Il a six lignes de long. Son corselet est noir, avec une bande transverse ferrugineuse. Sa poitrine et l'extrémité de son ventre sont noires.

Dans les eaux stagnantes.

B. *Antennes de la longueur du corselet ; corps moins bombé.*

2. *D. Noir; élytres ornées dans leur milieu d'une double tache, et à leur extrémité d'un point jaune.*

Oliv., Ent., pl. 4, fig. 37.

Lat., n° 23, pag. 171, tom. 8.

Il a quatre lignes de long. Son corps est lisse ; ses antennes, ses pattes et les bords extérieurs de son corselet sont bruns. Ses élytres sont bronzées.

Dans les étangs.

3. D. BIPONCTUÉ; *D. Bipunctatus.*

Noir ; corselet jaune orné de deux points obscurs.

Lat., n° 19, pag. 169.

Il a quatre lignes de long. Ses élytres sont mélangées de jaune et de brun.

Lyonnais.

4. D. BIPUSTULÉ; *D. Bipustulatus.*

Noir ; deux points rouges à la partie postérieure de la tête.

Encycl. méth., n° 19, tom. 6. pag. 311.

Lat., n° 16, tom. 8, pag. 168.

Il a quatre lignes de long. Tout son corps est très-noir, lisse. Les antennes sont d'un fauve obscur.

Lyonnais.

5. D. Strié; *D. Striatus.*

Brun; orné de très-petites stries transversales.

Ol., Encycl. méth., n° 12, tom. 6, pag. 309.

Il a huit à dix lignes de long. Son corselet a les bords ferrugineux.

Lyonnais.

6. D. Cendré; *D. Cinereus.*

Dessous du corps d'un rouge brun; corselet bordé de jaune et orné d'une bande transversale de même couleur, non dilatée.

Lat., n° 7, tom. 8, pag. 164.

Il a six lignes de long. Ses élytres et les bords latéraux du corselet sont bordés de jaune; cette dernière partie a en outre une ligne transversale de même couleur qui se réunit à la bordure.

Bresse.

7. D. Sillonné; *D. Sulcatus.*

Brun; corselet bordé de jaune et orné d'une bande transversale de même couleur et dilatée de chaque côté.

Geoff., n° 4, *D. à corselet à bandes.* Fem.

— n° 5, *D. sillonné.* Mâle.

Lat., n° 6, tom. 8, pag. 164.

Il a huit ou dix lignes de long. Les élytres sont bordées de jaune; celles de la femelle ont quatre sillons velus.

Commun dans les mares près de Thizy.

8. D. Pointillé; *D. Punctulatus.*

Noir verdâtre; bords extérieurs du corselet jaunes, ainsi que ceux des élytres.

Geoff., n° 1, tom. 1, pag. 815, *le D. brun à bordure.*

Lat., n° 4, tom. 8, pag. 162.

Il a huit à dix lignes de long. Son corselet n'a que les bords extérieurs jaunes. Le mâle a sur ses étuis des stries formées par des points, et la femelle des cannelures.

Lyonnais.

9. D. A écusson jaune; *D. Flavoscutellatus.*

Ventre jaunâtre avec des lignes transverses brunes; écusson jaune.

Lat., n° 3, tom. 8, pag. 162.

Son corselet et ses élytres sont bordés de jaune. Son sternum est terminé par deux pointes écartées. La femelle n'a comme le mâle que des stries formées par des points sur les étuis.

Montagnes du Lyonnais.

10. D. Bordé; *D. Marginalis.*

Dessous du corps jaunâtre, un peu mélangé de brun; corselet entièrement bordé de jaune.

Geoff., n° 2, pag. 186, *le D. noir à bordure.* Mâle.

— n° 3, pag. 187, *le D. demi-sillonné.* Fem.

Lat., n° 2, pag. 161, tom. 8.

Le plus grand de ceux de nos pays. Son corps est noirâtre en dessus. Le mâle a sur les élytres trois stries formées par des points et peu marquées; la femelle a dix cannelures qui se prolongent aux deux tiers de la longueur des étuis.

Lettre Vingt-troisième.

CARABES.

Cette famille extrêmement nombreuse a été subdivisée en une infinité de genres, dont plusieurs ne renferment que des espèces exotiques ou étrangères à la France. Suivant la méthode de simplification employée dans cet ouvrage, ces genres seront réduits à ceux dont les caractères sont les plus tranchans; pour les autres, on peut consulter l'admirable ouvrage de M. le comte Dejean.

Jambes antérieures.

- Fortement échancrées à leur côté interne.
  - Élytres tronquées.
    - Tête non séparée du corselet par un étranglement brusque.
      - Crochets des tarses simples. . . . . 1. BRACHINE.
      - Crochets des tarses pectinés en dessous. . 2. LÉBIE.
    - Tête séparée du corselet par un étranglement profond . . . . 3. ZUPHIE.
  - Élytres non tronquées.
    - Jambes antérieures dentées au côté externe ou terminées par deux épines longues et fortes. 4. SCARITE.
    - Jambes antérieures non dentées au côté externe; épines courtes.
      - Point de cou; tarses dilatés dans les mâles
        - Aux deux pattes antérieures. . . . . 5. FÉRONIE.
        - Aux 4 pattes antérieures. 6. HARPALE.
      - Cou distinct . . . . 7. PANAGÉE.
- Sous échancrure ou en ayant une canaliculiforme, et ne s'avançant pas sur le côté antérieur de la jambe.
  - Tête distincte du corselet.
    - Élytres carénées latéralement et embrassant une partie de l'abdomen. . . . . 8. CYCHRE.
    - Élytres non carénées et n'embrassant pas l'abdomen . 9. CARABE.
  - Tête engagée dans le corselet . . . 10. OMOPHRON.

1er Genre.

BRACHINE [1], *Brachinus.* Weber.

Jambes antérieures échancrées, élytres tronquées ; tête non séparée du corselet par un étranglement brusque ; crochets des tarses simples.

Les insectes de ce genre sont remarquables par la propriété singulière qu'ils possèdent, de faire sortir par l'anus un liquide qui se vaporise en produisant une détonation plus ou moins forte.

1. B. Pétard ; *B. Cripitans.*

Roux ; élytres ardoisées ; à côtes peu marquées.

Geoff., n° 19, pag. 151, *le Bup. à corselet et pattes rouges et étuis bleus.*

Lat., tom. 8, pag. 243, n° 1.

Dejean, tom. 1, pag. 318, n° 30.

Il a environ quatre à cinq lignes, sa tête, ses antennes moins le troisième et le quatrième article, son corselet, ses pattes sont ferrugineuses ; ses yeux sont noirs ; ses élytres d'un vert bleuâtre.

Il n'est pas rare en septembre dans les montagnes du Lyonnais.

2. B. A explosion ; *B. Explodens.*

Ferrugineux ; élytres lisses d'un vert bleuâtre.

Dejean, tom. 1, pag. 320, n° 31.

Il n'a presque que la moitié de la longueur du précédent. Ses élytres sont plus lisses ; les troisième et quatrième articles des antennes sont également noirs.

Lyonnais.

---

[1] Étym. Βραχύνω, je raccourcis, parce que leurs élytres sont tronquées.

3. B. Pistolet ; *B. Sclopeta.*

Ferrugineux ; élytres bleuâtres, partie de leur suture rougeâtre ; antennes sans taches.

Lat., n° 2, tom. 8, pag. 244.

Dej., n° 36 , tom. 1, pag. 322.

Il a trois lignes de long ; tout le dessous du corps est ferrugineux.

Lyonnais.

4. B. Glabre ; *B. Glabratus.*

Ferrugineux ; élytres bleuâtres à côtes ; antennes sans taches.

Dej., n° 32, tom. 1 , pag. 320.

Il a trois à quatre lignes de long.

Midi de la France.

5. B. Bombardier ; *B. Bombarda.*

Ferrugineux ; élytres verdâtres à côtes ; tache ferrugineuse autour de l'écusson.

Dej., n° 35 , tom. 1 , pag. 322.

Il a quatre lignes de long. La tache scutellaire ne se prolonge pas sur la suture.

Midi de la France.

2.me Genre.

Lébie, *Lebia.* Latreille.

Jambes antérieures, fortement échancrées à leur côté interne ; élytres tronquées ; tête non séparée du corselet par un étranglement brusque ; crochets des tarses pectinés en dessous.

1. L. A taches réunies ; *L. Coadunata.*

Noire , ponctuée ; thorax ferrugineux ; bord extérieur des élytres rougeâtres , avec une tache humérale cohérente avec celle des bords.

Dej., Cymindis, n° 9, tom. 1 , pag. 210.

Elle a quatre lignes de long. La bouche, les antennes et les pieds sont ferrugineux. Les élytres ont à leur base, entre les stries, des points plus marqués qu'à leur extrémité.

Lyonnais.

2. L. AXILLAIRE ; *L. Axillaris.*

Brune, pubescente ; thorax ferrugineux ; tache humérale non réunie à celle des bords.

Dej., Cymindis, n° 11, tom. 1 , pag. 211.

La bouche, les antennes sont ferrugineuses ; les pieds plus pâles, et le dessus du corps est couvert de petits points enfoncés.

Lyonnais.

3. L. ALLONGÉE ; *L. Elongatula.*

Pâle ; tête noire ; thorax fauve avec les angles postérieurs relevés et saillans.

Geoff., n° 25 , pag. 153 , *le Bup. fauve à tête noire.*
Lat. , Lébie , n° 16 , tom. 8 , pag. 252 , *à tête noire.*
Dej. , Demétrias , n° 4 , tom. 1 , pag. 232.

Elle a deux lignes et demie de longueur. Son corps est allongé. Les élytres , les pattes et le dessous du corps sont d'un jaune plus ou moins ferrugineux. La poitrine et la base du ventre sont brunes.

Lyonnais.

4. L. MÉLANOCÉPHALE ; *L. Melanocephala.*

Dessous du corps et corselet ferrugineux ; antennes et pieds plus pâles ; tête noire.

Dej., Dromius , n° 2. tom. 1 , pag. 234.

Elle n'a qu'une ligne et demie à deux lignes de long. Le

corselet est presque carré; les élytres ont des stries peu marquées.

Lyonnais.

5. L. Quadrimaculée; *L. Quadrimaculata.*

Dessous du corps brun; élytres noires avec deux taches pâles, ainsi que les antennes et les pieds.

Geoff., n° 21, pag. 152, *le Bup. quadrille à corselet plat et étuis lisses.*

Dej., Dromius, n° 8, tom. 1, pag. 239.

Elle a trois lignes de long. La tête est noire; le corselet ferrugineux, plus obscur dans son milieu, presque en cœur; l'écusson est ferrugineux et les élytres fortement striées.

Sous les écorces. Assez commune près de Thizy.

6. L. Ponctuée; *L. Punctatella.*

Noire, brillante, en dessous; bronzée en dessus; élytres striées avec deux points enfoncés.

Dej., Dromius, n° 17, tom. 1, pag. 247.

Longue d'une ligne et demie. Le corselet a une ligne dans son milieu.

Montagnes du Lyonnais. Sous les pierres.

7. L. A tête bleue; *L. Cyanocephala.*

Dessous du corps d'un noir bleuâtre ainsi que la tête; corselet et pieds fauves.

Geoff., n° 16, pag. 149, *le Bup. bleu à corselet rouge.*

Lat., n° 1, tom. 8, pag. 247.

Dej., n° 3, tom. 1, pag. 256.

Les antennes sont brunes avec la base ferrugineuse. Les élytres sont bleues ou vertes.

Toute la France.

8. L. Petite-croix ; *L. Crux-minor.*

Corselet, élytres et pieds rougeâtres ; une croix sur les étuis, les tarses et les genoux noirs.

Geoff., n° 18, pag. 150, *le Chevalier rouge.*

Lat., n° 12, tom. 8, pag. 251.

Dej., n° 9, tom. 1, pag. 261.

Elle a près de trois lignes de long. La tête, le dessous du corps, l'écusson et la dernière moitié des antennes sont noirs.

Montagnes du Lyonnais sur les arbres. Assez rare.

9. L. Turque ; *L. Turcica.*

Corselet ferrugineux ; tête et élytres noires ; pieds jaunâtres ainsi qu'une tache à la base des étuis.

Lat., n° 8, tom. 8, pag. 250.

Dej., n° 11, tom. 1, pag. 263.

Plus petite que la précédente. L'écusson, la poitrine et la bouche sont ferrugineux ; les élytres sont striées. Le ventre est noir avec une tache fauve.

Lyonnais. Sous les écorces.

3me Genre.

Zuphie [1], *Zuphium.* Latreille.

Jambes antérieures échancrées à leur côté interne ; élytres tronquées ; tête séparée du corselet par un étranglement profond.

1. Z. Odorante ; *Z. Olens.*

Dessous du corps fauve ; élytres brunes avec une tache ferrugineuse sur la base de chacune, et une autre de même couleur et commune sur la suture près de l'extrémité.

---

[1] Étym., Ζόφεος, noir.

Dej., n° 1, tom. 1, pag. 192.

Longue de quatre lignes. La bouche, le corselet, l'écusson et la dernière partie des antennes sont ferrugineux. La tête est noire ainsi que la base des antennes.

Midi de la France.

4.me *Genre.*

SCARITE [1], *Scarites.* Fabricius.

Jambes antérieures échancrées à leur côté interne; élytres non tronquées; jambes antérieures dentées au côté externe ou terminées par deux épines longues et fortes.

Ils vivent en général dans les lieux sablonneux, sur les bords de la mer où ils se creusent, à l'aide de leurs pattes de devant, des retraites dans le sol. Plusieurs sont aptères.

1. S. PYRACMON ; *S. Pyracmon.*

Noir; mandibules grandes, sillonnées; élytres presque lisses.

Lat., n° 1, tom. 8, pag. 375, *géant.*

Dej., n° 1, tom. 1, pag. 367.

Il a quinze à seize lignes de long. Ses mandibules sont très-grandes. Les élytres ont des stries et deux points imprimés.

Marseille.

2. S. DES SABLES ; *S. Sabulosus.*

Noir; élytres striées avec des points.

Lat., n° 5, tom. 8, pag. 376.

Dej., n° 33, tom. 1, pag. 398, *Lævigatus.*

---

[1] Étym., Σκαρίζω, je cours agilement.

Il n'a que sept lignes de long. Les jambes antérieures ont comme chez le précédent trois dentelures.

Midi de la France.

3. S. Arénaire; *S. Arenarius.*

D'un brun noirâtre; corselet presque carré; antennes et pieds roux.

Lat., Clivine, n° 1, tom. 8, pag. 379.

Dej., Clivine, n° 1, tom. 1, pag. 413.

Long de trois lignes. Le corselet a dans son milieu une ligne. Les élytres ont des stries prononcées et des points bien marqués.

Lyonnais. Sous les pierres.

5me Genre.

Féronie [1], *Feronia.* Latreille.

Jambes antérieures fortement échancrées à leur côté interne; élytres non tronquées; épines des jambes courtes; point de cou; tarses dilatés dans les mâles aux deux pattes antérieures.

1. F. Bossue; *F. Gibba.*

Noire; corselet presque carré; élytres couvertes de points enfoncés, presque disposés en stries.

Geoff., pag. 159, n° 34, *le Bup. paresseux.*

Dej., Zabrus, n° 12, tom. 3, pag. 454.

Elle a six lignes de long. Elle est ailée. Son corselet a postérieurement deux points enfoncés. L'appendice de ses cuisses postérieures est brun.

Sous les pierres. Lyonnais.

---

1 Étym., φέρω, j'emporte, je pille.

2. F. Triviale ; *F. Trivialis.*

D'un noir bronzé en dessus ; base des antennes fauve ; jambes brunes ; neuf stries aux élytres.

Geoff., pag. 160, n° 36, *le Bup. rosette.*

Dej., Amara, n° 6 , tom. 3, pag. 464.

Elle a trois lignes de long. Le corselet est en trapèze. Le dessous du corps est noir. Quelques-unes des stries se réunissent deux à deux à la base.

Lyonnais.

3. F. Cisteloïde; *F. Cisteloides.*

D'un noir lisse en dessus ; corselet presque carré ; pieds et base des antennes ferrugineux.

Geoff., n° 39, pag. 161, *le Bup. noir à pattes brunes.*

Dej., Colathus, n° 3, tom. 3, pag. 65.

Elle a cinq à six lignes de long. La troisième et la cinquième stries ont une ligne de points enfoncés. Elle est aptère. Le dessous du corps est brun.

Montagnes du Lyonnais.

4. F. Plane ; *F. Plana.*

Noire en dessus ; élytres ornées de stries pointillées peu marquées; appendices des cuisses terminés en pointes aiguës.

Lat., Harpale, n° 1 , tom. 8, pag. 334, *Leucophtalme.*

Dej., Sphodre, n° 1 , tom. 3, pag. 88.

Longue de dix lignes. La tête a deux impressions longitudinales ; les palpes sont roussâtres , le corselet est en cœur. Le dessous du corps brun.

Montagnes du Lyonnais.

5. F. des prés; *F. Prasina.*

Tête, corselet et tache sur les étuis verts; antennes, pieds et élytres fauves.

Geoff., n° 13, pag. 148, *le Bup. à étuis verts et bruns.*

Dej., Anchomène, n° 14, tom. 3, pag. 116.

Montagnes du Lyonnais.

6. F. Sexponctuée; *F. Sexpunctata.*

Tête et corselet d'un vert cuivreux ; élytres bordées de la même couleur avec leur milieu d'un fauve ferrugineux, ornées de stries et de six points enfoncés.

Geoff., n° 14, pag. 149, *le Bup. à étuis cuivreux.*

Dej., Agone, n° 7, tom. 3, pag. 140.

Elle a trois à quatre lignes. Le dessous du corps est d'un vert bronzé; les stries des élytres sont peu marquées.

Montagnes du Beaujolais.

7. F. Cuivreuse ; *F. Cuprea.*

D'un vert cuivreux en dessus; corselet orné de chaque côté de deux lignes imprimées ; deux premiers articles des antennes ferrugineux.

Geoff., n° 40, pag. 161, *le Bup. perroquet.*

Dej., n° 2, tom. 3, pag. 207.

Le dessous du corps est d'un vert bronzé. Les tarses et les jambes sont noirs.

Montagnes du Lyonnais. Sous les pierres.

8. F. Noire; *F. Melanaria.*

Noire en dessus ; corselet presque carré ; élytres striées avec deux points imprimés.

Geoff., n° 7, pag. 146, *le Bup. tout noir.*

Dej., n° 64, tom. 3, pag. 271.

Elle a de cinq à sept lignes de long. Les élytres ont huit à dix stries. Le dessous du corps est noir un peu luisant.

Montagnes du Lyonnais. Sous les pierres.

6me Genre.

Harpale [1], *Harpalus.*

Jambes antérieures échancrées à leur côté interne; élytres non tronquées; épines des jambes courtes; tarses dilatés dans les mâles aux quatre pattes antérieures.

1. H. Ruficorne; *H. Ruficornis.*

Tête et corselet noirs; élytres brunes striées, légèrement pubescentes; antennes et pattes fauves.

Geoff., n° 38, pag. 160, *le Bup. noir velouté.*

Lat., n° 23, tom. 8; pag. 348.

Il a six lignes de long. Il est ailé. Son corselet a dans son milieu une ligne enfoncée; le dessous de son corps est brun.

Montagnes du Lyonnais.

2. H. Clorophane; *H. Clorophanus.*

Tête et corselet d'un vert foncé; élytres vertes, faiblement striées; palpes et pattes fauves.

Lat., n° 24, tom. 8, pag. 348.

Il a trois lignes de long. Le dessous de son corps est noir; le corselet et les élytres sont finement ponctués.

Montagnes du Lyonnais.

7me Genre.

Panagée, *Panagæus.* Latreille.

Jambes antérieures échancrées à leur côté interne; élytres non tronquées; épines des jambes courtes; cou distinct.

---

[1] Étym., Ἁρπάζω, piller, enlever de vive force. Ainsi nommés, à cause de la guerre qu'ils font aux insectes plus faibles qu'eux.

1. P. Grande-croix ; *P. Crux-major.*

Noir ; élytres rouges, ornées d'une croix noire.

Geoff., n° 17, pag. 150, *le Bup. chevalier noir.*

Lat., n° 1, tom. 8, pag. 292, *Bipustulé.*

Dej., n° 3, tom. 2, pag. 286.

Il a trois ou quatre lignes de long. La tête, les antennes, le corselet, le dessous du corps et les pattes sont noirs, plus ou moins pubescens.

Montagnes du Lyonnais. Assez rare près de Thizy.

2. P. Pilicorne ; *P. Pilicornis.*

D'un vert bronzé en dessus ; jambes et tarses ferrugineux ; derniers articles des antennes plus obscurs, légèrement pubescens.

Geoff., n° 10, pag. 147, *le Bup. à six points enfoncés.*

Lat., Loricère, n° 1, tom. 8, pag. 274, *bronzée.*

Dej., Loricère, n° 1, tom. 2, pag. 293.

Long de trois à quatre lignes. Les élytres ont des stries ponctuées et trois gros points enfoncés sur chaque étui entre la troisième et quatrième stries.

Montagnes du Lyonnais. Dans les lieux humides.

8me Genre.

CARABE, *Carabus.* Linné.

Jambes antérieures sans échancrure ou en ayant une canaliculiforme et ne s'avançant pas sur le côté antérieur de la jambe ; tête distincte du corselet ; élytres non carénées latéralement et n'embrassant pas une partie de l'abdomen.

A. *Élytres presque carrées.*

1. C. Sycophante ; *C. Sycophanta.*

D'un noir violet ; élytres striées, d'un vert doré ; pattes noires.

Geoff., n° 5, pag. 144, *le Bup. carré, couleur d'or.*

Lat., Calosome, n° 7, tom. 8, pag. 301.

Dej., Calos., n° 2, tom. 2, pag. 193.

Il a près d'un pouce de long. Son corselet est d'un beau bleu violet. Les élytres ont des reflets cuivreux.

Il n'est pas très-rare près de Thizy. Sa larve se trouve fréquemment au printemps dans les nids des chenilles processionnaires du pin.

2. C. Inquisiteur; *C. Inquisitor.*

D'un brun cuivreux; élytres striées et ornées de points enfoncés.

Geoff., n° 6, pag. 145, *le Bup. carré, couleur de bronze antique.*

Lat., Calos., n° 4, tom. 8, pag. 299.

Dej., Cal., n° 3, tom. 2, pag. 154.

Il est moins grand que le précédent; le dessous est un peu vert.

Rare dans les montagnes du Lyonnais.

B. *Mâchoires épineuses.*

3. C. Spinibarbe; *C. Spinibarbis.*

D'un beau bleu en dessus; élytres striées; antennes et pieds bruns ferrugineux.

Lat., tom. 8, pag. 271, *Pogonophore bleu.*

Dej., Leistus, n° 1, tom. 2, page 214.

Il a quatre à cinq lignes de long. Son corselet est en cœur. Le dessous du corps est d'un brun légèrement bleuâtre.

Il n'est pas rare près de Thizy, sous les pierres.

C. *Élytres avec trois rangées de points oblongs élevés et des stries élevées contre elles.*

4. C. Enchainé; *C. Catenulatus.*

Noir en dessous; d'un bleu noirâtre en dessus avec les bords du corselet et des élytres d'un bleu violet.

Geoff., n° 4, var. *b*, pag. 144, *le Bup. azuré*.

Lat., n° 26, tom. 8, pag. 219.

Il a près d'un pouce de long. Souvent il varie un peu pour la couleur. Ses antennes et ses pattes sont noires.

Montagnes du Lyonnais. Sous les pierres.

5. C. A COLLIER ; *C. Monilis.*

Noir brillant en dessous ; vert métallique en dessus ; angles du corselet prolongés en arrière.

Geoff., n° 3, pag. 143, *le Bup. galonné*.

Lat, n° 24, tom. 8, pag. 318, *granulé*.

Dej., n° 31, tom. 2, pag. 73.

De la grandeur du précédent. Les pattes sont d'un noir brillant ainsi que les premiers articles des antennes.

Commun dans les montagnes du Lyonnais.

D. *Élytres à côtes élevées.*

6. C. DORÉ ; *C. Auratus.*

D'un vert doré en dessus ; premiers articles des antennes et pieds fauves.

Geoff., n° 2, pag. 142, pl. 2, fig. 5, *le Bup. doré et sillonné à larges bandes.*

Lat., n° 21, tom. 8, pag. 316.

Dej., n° 60, tom. 2, pag. 111.

Il a neuf à dix lignes de long. Le dessous du corps est noir.

Très-commun dans toute le France, dans les jardins principalement.

E. *Élytres à stries fines et crénelées.*

7. C. PURPURIN ; *C. Purpurascens.*

Allongé noir ; bords des élytres et du corselet violets.

Geoff., n° 4, var. *a*, *Bup. azuré*.

Dej., n° 72, tom. 2, pag. 126.

Long de douze à quatorze lignes, allongé. Les élytres sont noires-bleuâtres, avec des stries fortement ponctuées.

Rare près de Thizy.

F. Élytres striées, sans gros points enfoncés.

8. C. DE FOUDRAS; *C. Foudrasii.*

Noir; élytres ornés de stries finement ponctuées; antennes et pieds roux.

Dej., Nebrie, n° 23, tom. 2, pag. 246.

Long de cinq lignes et demie. Les élytres sont beaucoup plus larges que le corselet.

Lyonnais.

Cette espèce a été dédiée à M. Eugène Foudras de Lyon, un des naturalistes les plus distingués dont puisse s'honorer le département du Rhône, et dont la complaisance et la bonté égalent les connaissances entomologiques.

G. Élytres très-finement striées, avec trois rangées de points enfoncés.

9. C. CONVEXE; *C. Convexus.*

Ovale noir; élytres de plus de vingt stries et d'une bordure bleuâtre.

Dej., n° 100, tom. 2, pag. 158.

Long de huit lignes. Les yeux sont bruns saillans. Le dessous du corps et les pattes sont noirs.

Montagnes du Lyonnais. Dans les bois, parmi les mousses.

9.me Genre.

CYCHRE [1], *Cychrus.* Paykull.

Jambes antérieures sans échancrure ou en ayant une canaliculiforme, et ne s'avançant pas sur le côté antérieur de la jambe; tête distincte du corselet; élytres carénées latéralement et embrassant une partie de l'abdomen.

---

[1] Étym., Κυχρος, nom d'un oiseau chez les Grecs.

1. C. Atténué; *C. Attenuatus.*

Élytres d'un vert cuivreux, avec des points saillans disposés sur trois lignes ; jambes rousses.

Oliv., Ent., tom. 3, pag. 45. n° 47, pl. 11, fig. 128.

Dej., n° 6, tom. 2, pag. 10.

Il a sept à huit lignes de long. La tête, le corselet, les quatre premiers articles des antennes, le dessous du corps et les cuisses sont noirs.

Rare dans les montagnes du Lyonnais. Dans les bois parmi les mousses.

10ᵉ *Genre.*

OMOPHRON [1], *Omophron.* Latreille.

Tête engagée dans le corselet; corps ovale, presque hémisphérique.

1. O. A Limbes ; *O. Limbatum.*

Jaunâtre ; le corselet est orné d'une tache et les élytres de trois bandes ondées d'un vert bronzé.

Lat., n° 1, tom. 8, pag. 283.

Dej., n° 1, tom. 2, pag. 258.

Il a environ trois lignes de long. Les yeux sont noirâtres.

M. Desmarets fils, qui a observé la larve de cet insecte, nous apprend qu'elle se trouve, en été, ainsi que l'animal parfait, dans les lieux humides et sablonneux, où végète la *Renouée persicaire.* En arrachant cette plante et en secouant ses racines, on en voit souvent tomber l'omophon ; on le fait également sortir de sa retraite sablonneuse en jetant de l'eau sur le terrain qu'il occupe.

---

[1] Etym. incertaine.

Lettre Vingt-quatrième.

CICINDÉLES.

Division de cette famille :

<table>
<tr><td rowspan="3">Mandibules</td><td>Dentées saillantes ; palpes velus . . . .</td><td></td><td>1.</td><td>CICINDÈLE.</td></tr>
<tr><td rowspan="2">Simples ; palpes non velus ; jambes antérieures.</td><td>Échancrées au côté interne . . . . .</td><td>2.</td><td>BEMBIDION.</td></tr>
<tr><td>Sans échancrure. . . . .</td><td>3.</td><td>ÉLAPHRE.</td></tr>
</table>

1ᵉʳ Genre.

CICINDÈLE. *Cicindela.* Linné.

Mandibules dentées, saillantes ; palpes velus.

1. C. HYBRIDE ; *C. Hybrida.*

D'un brun verdâtre, avec une légère teinte cuivreuse ; élytres ornées à la base et à l'extrémité d'une lunule blanche et d'une bande sinuée de même couleur dans le milieu.

Geoff., n° 28, pag. 155, *le Bup. à broderie blanche.*

Lat., n° 5, tom. 8, pag. 207.

Dej., n° 47, tom. 1, pag. 64.

Elle a sept lignes de long. La lèvre supérieure est blanche. L'écusson, la poitrine, les cuisses et les jambes sont d'un rouge cuivreux, et l'abdomen d'un vert bleuâtre.

Dans les montagnes près de Thizy ; mais assez rare.

2. CHAMPÊTRE ; *C. Campestris.*

Élytres d'un beau vert mat, ornées de cinq points dorés sur leur bord extérieur, et de deux autres points près de la suture, l'un noir et l'autre doré avec un cercle noir.

Geoff., n° 27, p. 154, *le Bup. velours vert à douze points blancs.*

Lat., n° 9, tom. 8, pag. 209.

Dej, n° 43, tom. 1, pag. 59.

Elle a huit lignes de long. Les côtés de son corselet et sa poitrine sont d'un rouge cuivreux ; sa lèvre supérieure dorée , et son abdomen d'un vert bleuâtre.

Très-commune dans les montagnes près de Thizy.

3. C. LYONNAISE ; *C. Lugdunensis.*

D'un vert obscur ; élytres ornées d'une bordure blanche interrompue , d'une lunule à la base et d'une autre à l'extrémité , et d'une strie recourbée dans leur milieu.

Dej., n° 61 , tom. 1 , pag. 77.

Longue de quatre lignes. Son corps est presque cylindrique.

Lyonnaise. Du cabinet de M. Foudras.

4. C. ALLEMANDE ; *C. Germanica.*

D'un vert bleuâtre ; élytres ornées d'un point blanc à la base , d'un autre au milieu près du bord extérieur , et d'une lunule à l'extrémité.

Geoff. , n° 29 , pag. 155 , *le Bup. vert à six points blancs.*

Lat. , n° 11 , tom. 8 , pag. 210.

Dej., n° 118 , tom. 1 , pag. 138.

Longue de quatre à cinq lignes. Sa couleur varie et offre diverses nuances du brun au vert et au bleu.

Lyonnais. Elle va courant dans les champs et vole rarement.

5. C. SYLVATIQUE ; *C. Sylvatica.*

D'un noir légèrement bronzé ; élytres raboteuses , ornées d'un point blanc à la base et à l'extrémité , et d'une bande transverse sinuée dans le milieu.

Lat. , n° 6 , tom. 8 , pag. 207.

Dej., n° 55 , tom. 1 , pag. 71.

Longue de sept lignes. Sa lèvre est noire. Le dessous du corps est d'un bleu verdâtre.

Rare près de Thizy.

6. C. Littorale ; *C. Littoralis.*

D'un vert bronzé ; élytres ornées d'une lunule à la base et à l'extrémité, et de quatre points blancs dans leur milieu.

Lat., n° 10, tom. 8, pag. 210, *Némorale.*

Dej., n° 87, tom. 1, pag. 104.

Longue de six lignes. La lèvre supérieure est blanche. La tête et le corselet sont bronzés. Les côtés du corselet sont d'un rouge cuivreux ; l'abdomen d'un vert bleuâtre.

Midi de la France. Principalement près des bords de la mer.

2.me Genre.

Bembidion [1], *Bembidion.* Latreille.

Mandibules simples ; palpes non velus ; jambes antérieures échancrées au côté interne.

1. B. Enfoncé ; *B. Impressum.*

Cuivreux ; élytres striées, et ornées de deux points enfoncés, d'un bleu rougeâtre.

Lat., n° 1, tom. 8, pag. 222.

Les points enfoncés sont placés entre la deuxième et troisième stries.

Lyonnais. Sur les bords des eaux.

2. B. Brulé ; *B. Ustulatum.*

Bronzé ; bords des élytres pâles.

Lat., n° 2. tom. 8, pag. 223.

Les élytres sont ornées de stries formées par des points. Lyonnais.

---

[1] Étym. Βημβιξ ιδεα, forme de cône.

3. B. Biponctué ; *B. Bipunctatum.*

Bronzé ; élytres ayant chacune deux points enfoncés.

Geoff., n° 26.

Lat., n° 4, tom. 8, pag. 224.

Il n'a guère qu'une ligne et demie de long. Les élytres ont des stries peu marquées.

Près des mares. Assez rare près de Thizy.

4. B. Quadrigutté ; *B. Quadriguttatum.*

Noir ; corselet atténué postérieurement ; élytres striées avec deux taches jaunâtres sur chacune.

Geoff., n° 20, pag. 151, *le Bup. quadrille à corselet rond et étuis striés.*

Lat., n° 7, tom. 8, pag. 225.

Il a au plus trois lignes de long. Ses pattes et la base de ses antennes sont brunes.

Il n'est pas rare sur les bords de la Saône, dans les environs de Villefranche.

3.me Genre.

Élaphre [1], *Elaphrus*, Fabricius.

Mandibules simples ; palpes non velus ; jambes antérieures sans échancrures.

1. E. Aquæticus ; *E. Aquatique.*

Bronzé ; front strié profondément ; élytres ornées de huit stries, dont la plus rapprochée de la suture est isolée.

Geoff., n° 31, pag. 157, *le Bup. à tête cannelée.*

Dej., Nitiophile, 1, tom. 2, pag. 278.

Long de trois lignes. Le dessous du corps et les pattes sont d'un noir un peu bronzé.

---

[1] Étym. Ἔλαφρος, léger.

2. E. des rivages; *E. Riparius.*

D'un vert cuivreux ; élytres ornées de quatre rangées de larges points enfoncés, du milieu desquels s'élèvent des mamelons d'un rouge violet.

Geoff., n° 30, pag. 156, *le Bup. à mamelons.*

Dej., n° 5, tom. 2, pag. 274.

Long de trois lignes. Le fond des élytres est finement pointillé. Le dessous du corps est plus brillant que le dessus. Les jambes sont jaunâtres.

Commun dans toute la France. Dans les lieux humides et sablonneux.

Lettre Vingt-cinquième.

TAUPINS.

A. *Antennes presque en massue, dentées à l'extrémité.*

1. T. Dermestoïde; *E. Dermestoides.*

Noirâtre ; élytres striées.

Geoff. n° 16, tom. 1, pag. 136, *le T. à antennes en massue.*

Lat. Trosque, n° 1, tom. 9, pag. 41.

Il n'a guère qu'une ligne de long. Ses élytres sont légèrement velues.

Dans les bois.

B. *Antennes filiformes ; dernier article rétréci, terminé par une pointe.*

2. T. Ferrugineux; *E. Ferrugineus.*

Noir en dessous ; corselet et élytres rouges.

Geoff., n° 1, pag. 130, *le T. rouge.*

Lat., n° 8, tom. 9, pag. 16.

Il a dix lignes de long. Les antennes sont noires. Dans les bois pourris.

C. *Dernier article des antennes point rétréci.*

3. T. Marginé; *E. Marginatus.*

Noir; élytres testacées bordées de noir.

Lat., n° 65, pag. 37, tom. 9.

Oliv. Ent., tom. 2, pag. 50, tom. 8.

Il a huit lignes de long. Sa tête et son corselet sont noirs. Lyonnais.

4. T. Thoracique; *E. Thoracicus.*

Noir; corselet rouge; élytres noires à huit à neuf stries.

Geoff., n° 5, pag. 132.

Lat., n° 40, tom. 9, pag. 28.

Il a quatre lignes de long. Son corselet est globuleux. Montagnes du Lyonnais. Dans les bois.

5. T. Rufipède; *E. Rufipes.*

Noir luisant; pattes fauves.

Geoff., n° 14, pag. 156, *le T. noir à pattes fauves.*

Lat., n° 44, tom. 9, pag. 29.

Il a trois lignes de long. Les élytres sont très-finement striées.

Lyonnais. Sous les écorces.

6. T. Germanique; *E. Germanus.*

Bronzé; plus obscur en dessous qu'en dessus; élytres striées.

Geoff., n° 7, pag. 133, *le T. brun cuivreux.*

Lat., n° 13, tom. 9, pag. 17.

Il a six lignes de long. Ses étuis ont huit ou neuf stries. Lyonnais. Commun dans les champs.

7. T. Nébuleux; *E. Murinus.*

Brun, cendré-velu; antennes et tarses d'un brun rougeâtre.

Geoff., n° 8, pag. 134, *le T. brun nébuleux.*

Lat., n° 15, pag. 18, tom. 9.

Long de cinq à six lignes. Il a sur le corselet deux tubercules peu élevés.

Lyonnais. Dans les champs.

8. T. Marqueté; *E. Tessellatus.*

Noir cuivreux; corselet et élytres couverts de poils cendrès-verdâtres nuancés.

Geoff., tom. 9, pag. 155, *le T. à plaques velues.*

Lat., n° 16, pag. 19, tom. 9.

Il a six lignes de long. Les nuances des poils qui couvrent son corps forment des taches ou des ondes.

Lyonnais. Assez commun dans les champs.

9. T. Soyeux; *E. Holosericeus.*

Brun; couvert en dessus d'un duvet soyeux, cendré.

Geoff., n° 10, pag. 135, *le T. gris de souris.*

Lat., n° 17, pag. 19, tom. 9.

Long de cinq lignes.

Commun dans le Lyonnais.

10. T. Noir; *E. Niger.*

Noir, luisant; élytres striées, couvertes d'un léger duvet.

Geoff., n° 13, pag. 136, *le T. en deuil.*

Lat., n° 19, tom. 9, pag. 20.

Il a cinq ou six lignes de long. Son corselet est luisant et finement ponctué.

Montagnes du Lyonnais.

11. T. Marron; *E. Castaneus.*

Corselet noir, couvert de poils jaunâtres; élytres testacées, noires à l'extrémité.

Geoff., n° 4, pag. 132, *le T. à corselet velouté.*

Lat., n° 30, pag. 24.

Il a cinq lignes de long. Toutes les autres parties de son corps sont noires.

Lyonnais.

12. T. Latéral ; *E. Lateralis.*

Dessous du corps noir bordé de jaune ; élytres testacées avec la suture obscure.

Lat., n° 52, tom. 9, pag. 33.

De la grandeur du précédent. Son corselet est noir avec les bords moins foncés.

Il n'est pas rare dans les montagnes du Beaujolais.

13. T. Mignon ; *E. Minutus.*

Noir luisant ; élytres striées.

Lat., n° 62, tom. 9, pag. 36.

Il n'a guère que deux lignes de long. Tout son corps est noir ; son corselet est lisse.

Montagnes du Lyonnais.

14. T. Marginé ; *E. Marginatus.*

Corselet noir ; élytres fauves ornées d'une bande noire à leur suture et à leur bord extérieur.

Geoff., n° 11, pag. 135, *le T. bedeau.*

Long de six lignes. Ventre varié de brun et de fauve.

Très-commun dans les montagnes du Lyonnais.

Lettre Vingt-sixième.

RICHARDS.

A. *Sans écusson.*

1. R. Hérissé ; *B. Hirta.*

Dessous du corps blanc ; élytres noires avec deux bandes blanchâtres formées par des poils hérissés.

Lat., n° 6, tom. 9, pag. 48, *Tæniata.*

Il a quatre lignes de long. Son front et les bords de son corselet sont couverts d'écailles blanches.

Près de Nîmes.

B. A écusson ; corps ovale, convexe.

2. R. Ténébrion ; *B. Tenebrionis.*

Noir ; élytres entières couvertes de points enfoncés ; corselet variolé.

Lat., n° 16, pag. 52, tom. 9.

Il a huit lignes de long. Les rugosités du corselet sont blanchâtres dans leurs parties enfoncées.

Montagnes du Lyonnais.

3. R. Éclatant ; *B. Rutilans.*

Élytres vertes tridentées ; ornées de points violets et d'une bordure dorée.

Lat., n° 29, tom. 9, pag. 57.

Il a huit lignes de long. Ses élytres sont striées.

Midi de la France. Je l'ai trouvé près de Tarascon.

4. R. Rustique ; *B. Rustica.*

D'un vert doré ; corselet pointillé ; élytres tridentées, striées.

Geoff., n° 3, pag. 126, pl. 2, fig. 2, *le R. doré à stries.*

Lat., n° 33, tom. 9, pag. 59.

Il a huit lignes de long.

Lyonnais. Près de Villefranche ; rare.

C. Corps ovale, déprimé.

5. R. Chrysostigmate ; *B. Chrysostigmata.*

Corselet d'un rouge cuivreux ; élytres bronzées, ornées chacune de quatre sillons et de deux points enfoncés.

Geoff., n° 1, pag. 125, *le R. à fossettes.*

Lat., n° 38 , pag. 61 , tom. 9.

Il est de la grandeur du précédent. Les points enfoncés qu'on remarque sur les étuis sont disposés en carré.

Rare dans le Lyonnais.

6. R. Rubis ; *B. Manca.*

Corselet d'un rouge cuivreux , marqué de deux lignes obscures de la couleur des élytres.

Geoff., n° 4, pag. 127.

Lat., n° 42, tom. 9, pag. 63.

Il a quatre lignes de long. Les élytres sont chargées de points et sans dents à l'extrémité.

Il n'est pas très-rare dans les montagnes du Beaujolais.

7. R. du Saule ; *B. Salicis.*

D'un vert bleuâtre ; élytres d'un rouge cuivreux ; vertes à la base.

Lat., n° 45 , tom. 9 , pag. 64.

Il n'est pas rare sur les fleurs de chicorée sauvage , sur les bords du canal de Beaucaire.

8. R. Nitidule ; *B. Nitidula.*

D'un vert brillant; corselet bordé, déprimé de chaque côte.

Lat., n° 46 , tom. 9 , pag. 65.

Il est petit. Ses élytres sont chagrinées.

Lyonnais. Sur les buissons.

D. *Corps linéaire.*

Tête enfoncée dans le corselet dont les angles ne se prolongent pas en arrière.

9. R. Vert ; *B. Viridis.*

D'un vert bronzé ; élytres chagrinées , en scie à leur extrémité.

Geoff. , n° 5 , pag. 127 , *le R. vert allongé.*

Lat., n° 62 , t. 9 , pag. 71.

Il a trois lignes de long. Le corselet est inégal, chagriné.
Montagnes du Lyonnais.

E. *Corps triangulaire, raccourci.*

10. R. Minute; *B. Minuta.*

D'un noir cuivreux; élytres entières à leur extrémité; ornées de bandes blanchâtres, ondées.

Geoff., n° 6, pag. 128, *le R. triangulaire ondé.*

Lat., n° 66, pag. 72, tom. 9.

Il a à peine deux lignes de long. Les bandes sont formées par des poils.

Très-commun sur les buissons, dans les montagnes du Lyonnais.

Lettre Vingt-septième.

CÉBRIONS.

Cette famille, peu nombreuse en espèce, se subdivise ainsi :

Tête {
Saillante; angles du corselet prolongés en pointe. . . . . . 1. CÉBRIONS.

Enfoncée dans le corselet, dont les angles ne se prolongent point en arrière. . . . . 2. ÉLODE.

1er Genre.

CÉBRION [1], *Cebrio.* Olivier.

Tête saillante; angles du corselet prolongés en pointe.

1. C. Géant; *C. Gigas.*

Tête et corselet bruns couverts de poils; élytres fauves pointillées et pubescentes.

---

[1] Étym. Κεβρίον, nom employé par les Grecs pour désigner un oiseau.

Oliv., tom. 1, pl. 1, fig. 1, a, b, c.

Lat., n° 1, tom. 8, pag. 395.

Il est long d'un pouce. Sa poitrine et ses pattes sont noires ; son ventre et ses cuisses testacées.

Midi de la France.

2.ᵉ Genre.

ÉLODE [1], *Elodes.* Latreille.

Tête enfoncée dans le corselet dont les angles ne se prolongent point en arrière.

A. *Élytres dures.*

1. E. CERVINE; *E. Cervina.*

Brune et soyeuse ; antennes et pattes fauves.

Lat., Dascille, n° 1, tom. 8, pag. 386.

Duméril, Dict. des sciences naturelles. Atope.

Elle a six lignes de long.

B. *Élytres molles ; cuisses postérieures non renflées.*

2. E. PALE; *E. Pallida.*

D'un fauve pâle ; tête et extrémité des élytres brunes.

Lat., n° 1, tom. 8, pag. 389.

Duméril, Dictionnaire des sciences naturelles. Cyphon.

Ses antennes sont brunes.

Lyonnais.

3. E. PUBESCENTE; *E. Pubescens.*

Noire, pubescente ; antennes ferrugineuses.

Lat., n° 4, tom. 8, pag. 390.

Son corselet et ses élytres sont d'un gris plus ou moins obscur.

Lyonnais.

---

[1] Étym. Ἕλος, lieux marécageux. Ces insectes ont été ainsi nommés, parce qu'ils se rencontrent principalement sur les arbres qui croissent dans les lieux humides.

C. Cuisses postérieures renflées, propres au saut.

4. E. Hémisphérique; *E. Hemispherica.*

Presque orbiculaire, d'un noir foncé; jambes brunes.

Lat., n° 7, tom. 8, pag. 391.

Lamarck, Scirte, n° 1, tom. 4, pag. 446.

Elle a à peine une ligne et demie de long. Son corps est déprimé.

Elle n'est pas rare dans les haies des montagnes du Lyonnais.

Lettre Vingt-huitième.

LAMPYRES.

Division de cette famille :

	Très-rapprochées à leur base; corselet	A angles postérieurs pointus; tête en grande partie découverte. . . . . 1.		OMALISE.
Antennes.		A angles non saillans; tête presque entièrement cachée sous le corselet.	Corselet carré; tête prolongée en museau. 2.	LYQUE.
			Corselet demi-circulaire; tête ne s'avançant pas en museau. 3.	LAMPYRE.
	Écartées à leur base.	Antennes simples; ventre plissé latéralement en papilles. . . . . 4.		TÉLÉPHORE.
		Antennes pectinées d'un côté; ventre non plissé en papilles . . . . 5.		DRILE.

1ᵉʳ Genre

OMALISE [1], *Omalisus.* Geoffroy.

Antennes très rapprochées à leur base; corselet à angles postérieurs pointus; tête en grande partie découverte.

---

[1] Étym., Ὁμαλίζω, j'aplatis.

1. O. Sutural; *O. Suturalis.*

Noir; élytres rouges à suture noire.

Geoff., pag. 180, pl. 2, fig. 9.

Lat., tom. 9, pag. 83.

Il a environ trois lignes de long. Sa tête, ses antennes, son corselet et ses pattes sont noirs. Ses étuis sont ornés de points enfoncés.

Il n'est pas commun dans les montagnes du Beaujolais.

2.ᵐᵉ Genre.

Lyque [1], *Lycus.* Fabricius.

Antennes très-rapprochées à leur base; corselet carré à angles non saillans; tête prolongée en museau, presque entièrement cachée sous le corselet.

1. L. Sanguin; *L. Sanguineus.*

Noir; bords latéraux du corselet et élytres rouges.

Geoff., n° 3, pag. 168, *le Ver-luisant rouge.*

Lat., n° 1, tom. 9, pag. 87.

Il a cinq lignes de long. Sa tête, ses antennes, le milieu de son corselet et l'écusson sont noirs. Les élytres sont striées.

Montagnes du Lyonnais; mais assez rare.

3.ᵐᵉ Genre.

Lampyre, *Lampyris.* Linné.

Antennes très-rapprochées à leur base; corselet demi-circulaire à angles non saillans; tête ne s'avançant pas en museau, presque entièrement cachée sous le corselet.

1. L. Hémiptère; *L. Hemipterus.*

Brun; élytres raccourcies.

---

[1] Étym. Λυκόω, je mets en pièces.

Geoff., n° 2, pag. 168, *le Ver-luisant à demi-fourreau.*

Lat., n° 6, pag. 102, tom. 9.

Il a trois à quatre lignes de long. L'extrémité de son ventre est jaunâtre.

Il n'est pas très-rare près de Thizy; mais il faut pour le trouver secouer les branches des arbres, principalement de ceux qui sont placés dans les haies.

2. L. Luisant; *L. Splendidula.*

Noirâtre; bords du corselet blanchâtres.

Lat., n° 1, tom. 9, pag. 100.

Geoff., n° 1, pag. 167, pl. 2, fig. 7, *le Ver-luisant à femelle sans aile.*

La femelle de cet insecte est connue généralement par la lumière verdâtre qu'elle répand et qui la décèle de loin, comme un point igné, au milieu de nos buissons. Le mâle a des ailes et des élytres; sur ces dernières on remarque deux ou trois lignes élevées. Ses antennes sont noires ainsi que ses yeux, qui sont très-gros et très-rapprochés.

D'après des découvertes récentes, on s'est assuré que la larve de ces insectes est vorace et carnassière. Elle fait la guerre aux colimaçons, les attaque sous l'enveloppe calcaire et tortueuse qui les protège, et se repaît avec délice de leur chair gluante. L'insecte parfait paraît être herbivore.

3. L. Mauritanique; *L. Mauritanica.*

Corselet et écusson jaunes; élytres grisâtres.

Lat., n° 3, tom. 9, pag. 101.

Encyc. méth., n° 6, tom. 7, pag. 484.

Il est un peu plus grand que le précédent, et sa femelle est également aptère. Les élytres du mâle ont trois lignes élevées.

France méridionale.

4. L. Italique ; *L. Italica*.

Noir ; corselet et poitrine fauves ; ventre noir avec l'extrémité jaunâtre.

Lat., n° 4, tom. 9, pag. 102.

Il varie pour la grandeur ; mais il le cède sous ce rapport aux précédens. Ses élytres et ses pattes sont brunes ; ses cuisses sont fauves.

Il habite nos départemens méridionaux.

4me Genre.

Télèphore [1], *Téléphorus*. Schœffer.

Antennes simples écartées à leur base ; ventre plissé latéralement en papilles.
A. *Élytres de la longueur du ventre.*

1. T. Ardoisé ; *T. Fuseus*.

Élytres brunes, légèrement soyeuses ; corselet fauve, marqué dans son milieu d'une tache obscure.

Geoff., n° 1, pag. 170, pl. 2, fig. 8, *la Cicindèle noire à corselet maculé.*

Lat., n° 1, tom. 9, pag. 106.

La base des antennes, l'extrémité du ventre et les cuisses sont fauves ; le reste du corps est noir.

Très-commun, au printemps, dans les montagnes du Lyonnais.

2. T. Livide ; *T. Lividus*.

Élytres jaunâtres ; corselet fauve sans taches.
Geoff., n° 2, pag. 171, *la Cicind. à corselet rouge.*
Lat., n° 2, pag. 106, tom. 9.

---

[1] Étym. Τῆλε, de loin ; φορος, apporté. Nous avons expliqué dans la lettre vingt-huitième le motif qui leur avait fait donner cette dénomination.

Il a la forme et la grandeur du précédent. L'extrémité de ses antennes et une partie des pattes, surtout des postérieures, sont noires, ainsi que les premiers anneaux du ventre.

Également très-commun en France.

3. T. Mélanure; *T. Melanurus.*

Tête testacée; élytres jaunâtres, noires à l'extrémité; corselet fauve.

Geoff., n° 5, pag. 173, *la Cicind. à étuis tachés de noir.*

Lat., n° 4, pag. 106, tom. 9.

Il a environ quatre lignes de long. Ses antennes sont noires.

Très-commun dans le Lyonnais.

4. T. Obscur; *T. Obscurus.*

Brun; bords du corselet rougeâtres.

Lat., n° 3, pag. 106, tom. 9.

Il ressemble au T. *ardoisé;* mais il est moitié plus petit et d'un noir plus foncé.

Commun dans les montagnes du Lyonnais.

5. T. Fusicorne; *T. Fusicornis.*

Tête noire; élytres jaunâtres, noires à l'extrémité.

Lat., n° 5, tom. 9, pag. 107.

Il a quatre lignes de long. Son corselet et ses pattes sont jaunes; le reste du corps est noir.

Montagnes du Lyonnais.

6. T. Thoracique; *T. Thoracicus.*

Tête et élytres noires; corselet, ventre et partie des pattes rougeâtres.

Geoff., n° 3, pag. 172, *la petite Cicindèle noire.*

Lat., n° 6, pag. 107, tom. 9.

Il a trois lignes de long. Ses antennes sont fauves à la base, noirâtres à l'extrémité. Le dessous du ventre est noir avec des anneaux fauves.

Montagnes du Lyonnais.

7. T. Testacé; *T. Testaceus.*

Noir; élytres et pattes testacées.

Geoff., n° 6, pag. 173, *la Cicind. noire à étuis jaunes.*

Lat., n° 9, tom. 9, pag. 108.

De la grandeur du précédent. Son corselet est bordé de jaune.

Lyonnais.

8. T. Biponctué; *T. Bipunctatus.*

Corselet testacé, marqué de deux points noirs; élytres flaves, noires à leur extrémité.

Lat., n° 14, pag. 110, tom. 9.

Il n'a guère que deux lignes et demie de long. Son corps est noirâtre.

Dans les montagnes du Lyonnais; mais il est rare.

9. T. Puce; *T. Pulicarius.*

Noir; bords du corselet et du ventre fauves.

Lat., n° 17, pag. 111, tom. 9.

Il n'a qu'une ligne de long. Ses élytres sont de la couleur du corps.

Montagnes du Lyonnais, sur les fleurs.

B. *Élytres plus courtes que le ventre.*

10. T. A points jaunes; *T. Biguttatus.*

Corselet noir, bordé de jaune; élytres obscures ornées de jaune à leur extrémité.

Geoff., n° 11, pag. 176, *la Cic. noire à points jaunes et corselet noir.*

Lamarck, Malthine, n° 1, tom. 4, pag. 453.

Il n'a qu'un peu plus d'une ligne de long. Son corps et ses pattes sont testacés.

Montagnes du Lyonnais.

11. T. FLAVE; *T. Flavus.*

Corselet jaune, maculé de noir dans son milieu; élytres noires, ornées d'un point jaune.

Geoff., pag. 372, *Necydale à points jaunes.*

Lat., n° 19, pag. 111, tom. 9, *nain.*

Il ressemble au précédent, mais le corselet a plus de jaune; le point des étuis est plus rond. Le dessous de son corps et ses pattes sont testacés.

Lyonnais.

12. T. MARGINÉ; *T. Marginatus.*

Corselet rougeâtre, maculé de noir; élytres brunes, jaunes à l'extrémité.

Geoff., n° 10, pag. 176, *la Cicind. noire à points jaunes et corselet rouge.*

De la grandeur des précédens. Ses antennes, ses pattes et le dessous de son corps sont noirs.

Montagnes du Lyonnais.

5me Genre.

DRILE [1], *Drilus.* Olivier.

Antennes écartées à leur base, pectinées d'un côté; ventre non plissé en papilles.

1. D. JAUNATRE; *D. Flavescens.*

Noir, pubescent; élytres flavescentes; femelle aptère; corselet à trois segmens distincts et semblables à ceux du ventre.

Geoff., n° 2, pag. 66, *la Panache jaune.*

Le mâle a trois à cinq lignes de long, et se trouve sur les fleurs où depuis longt temps les entomologistes l'avaient remarqué. La femelle n'a été découverte que depuis un petit nombre d'années par M. le comte I. Mielzinsky, qui, trompé par la différence qui existe entre les individus des deux sexes, en forma un nouveau genre. (Voy. *Annales des Sc. nat.*, janvier 1824). M. Desmarets, et plus tard M. Andouin, qui ont suivi ces insectes depuis leur état de larve jusqu'à celui d'insecte parfait, et qui ont été témoins de leur accouplement, ont replacé la femelle du Drile dans la catégorie où elle doit figurer.

Les larves de ces animaux attaquent, ainsi que celles des Lampyres, les Hélices qui infestent nos champs, et nous délivrent de ces testacés en les déchirant avec leurs mandibules.

Lettre Vingt-neuvième.

LES MALACHIES.

Se subdivisent ainsi :

Antennes { Rapprochées à leur base; vésicules rétractiles sur les côtés du corps	1.	MALACHIE.
{ Écartées à leur base; point de vésicules rétractiles sur les côtés du corps	2.	DASYTE.

1ᵉʳ Genre.

MALACHIE, *Malachius*. Fabricius.

Antennes rapprochées à leur base; vésicules rétractiles sur les côtés du corps.

1. M. BRONZÉ; *M. Æneus.*

D'un vert bronzé; élytres rouges, vertes à la base et à la suture.

Geoff., n° 7, pag. 174, *la Cicindèle bedeau.*

Lat., n° 2, pag. 115, tom. 9.

Il a trois lignes de long. La bouche est d'un jaune-citron.

Commun sur les fleurs, dans les montagnes du Lyonnais.

2. M. Bipustulé; *M. Bipustulatus.*

D'un vert bronzé ; bords du corselet et tache à l'extrémité des élytres rouges.

Geoff., n° 8, pag. 175, *la Cicind. verte à points rouges.*

Lat., n° 3, pag. 116, tom. 9.

Il est presque de la grandeur du précédent.

Commun au printemps, sur les fleurs.

3. M. Élégant ; *M. Elegans.*

D'un vert bronzé ; corselet sans taches ; un point jaune à l'extrémité des élytres.

Geoff., n° 9, pag. 175, *la Cicindèle verte à points jaunes.*

Lat., n° 4, pag. 116, tom. 9.

Commun dans les montagnes du Lyonnais.

4. M. Vert; *M. Viridis.*

D'un vert bronzé ; bouche jaune ; bords du corselet et extrémité des élytres rouges.

Encycl. méth., n° 6, tom. 7, pag. 612.

Lat., n° 6, pag. 117, tom. 9.

Il ressemble au M. Bipustulé, dont il n'est peut-être qu'une variété; il ne s'en distingue que par sa bouche jaune.

Montagnes du Lyonnais.

5. M. Pédiculaire; *M. Pedicularius.*

Noir ; corselet sans taches ; élytres rouges à leur extrémité.

Geoff., n° 11, pag. 176, *la Ci. noire à points jaunes et corselet noir.*

Lat., n° 8, pag. 117, tom. 9.

Il n'a guère plus d'une ligne de long.

Montagnes du Lyonnais.

6. M. Pulicaire; *M. Pulicarius.*

Noir; corselet et extrémité des étuis rouges.

Geoff., n° 10, pag. 176, *la C. noire à points jaunes et corselet rouge.*

Lat., n° 9, pag. 118, tom. 9.

Il est de la grandeur du précédent.
Lyonnais.

7. M. Thoracique; *M. Thoracicus.*

Bleuâtre; corselet rouge; élytres sans taches.

Geoff., n° 13, pag. 177, *la C. verte à corselet rouge.*

Lat., n° 12, pag. 119, tom. 9.

De la grandeur des précédens. Ses élytres sont vertes; ses pattes sont flavescentes.

Montagnes du Lyonnais, sur les fleurs.

8. M. Fascié; *M. Fasciatus.*

Noir bronzé; élytres ornées d'une bande et d'un point terminal rouges.

Geoff., n° 12, pag. 177, *la Cic. à bandes rouges.*

Lat., n° 15, pag. 119, tom. 9.

Il a environ une ligne de long. Tout son corps est à peu près de la même couleur. Ses pieds sont pâles.

Très-commun dans les montagnes du Lyonnais.

9. M. Flavipède; *M. Flavipes.*

D'un noir luisant; antennes et pieds jaunâtres.

Lat., n° 19, pag. 121, tom. 9.

Encycl. méth., n° 19, pag. 614, tom. 7.

Il n'a pas une ligne de long. L'extrémité de ses antennes et la base de ses cuisses sont le plus souvent obscures.

Il n'est pas rare près de Thizy, sur les fleurs.

10. M. Tête-blanche; *M. Albifrons.*

Noir ; tête, bord antérieur du corselet et extrémité des élytres blancs.

Encycl. mét., n° 17, pag. 614, tom. 7.

Lat., n° 22, pag. 121, tom. 9.

A peu près de la grandeur du précédent. La base des antennes et les pieds sont également blanchâtres.

Montagnes du Lyonnais. Sur les fleurs.

2.me Genre.

Dasyte [1], *Dasytes*, Paykull.

Antennes écartées à leur base ; point de vésicules rétractiles sur les côtés du corps.

1. D. Bleuatre ; *D. Cæruleus.*

D'un vert un peu bleuâtre ; antennes et pattes noires.

Geoff., n° 14, pag. 177, *Cicindèle verdâtre.*

Lamarck, Mélyre, n° 1, pag. 462, tom. 4.

Il a trois lignes de long. Sa couleur varie du vert au bleu. Ses étuis sont pointillés.

Commun sur les fleurs peu élevées, près de Thizy.

2. D. Plombé ; *D. Plombeus.*

Couleur de plomb ; antennes noires.

Geoff., n° 15, pag. 178, *la Cicindèle plombée.*

Lat., n° 9, pag. 131, tom. 9.

Il est un peu moins grand que le précédent. Son corps est légèrement velu ; ses pattes sont d'un noir bronzé.

Commun sur les fleurs.

---

[1] Étym. Δασύς, velu ; plusieurs espèces étant couvertes de poils.

D. Noir; *D. Niger.*

Noir, velu; pieds sans appendices.

Encycl. méth., Mélyre, n° 10, pag. 656, tom. 7.

Il a deux lignes de long.

Il n'est pas rare sur les fleurs, dans les montagnes du Lyonnais, du côté de Saint-Étienne.

Lettre Trentième.

LES CLAIRONS.

On peut réduire aux deux genres suivans la division de cette famille.

Tarses {
N'offrant à la simple vue que quatre articles; antennes terminées en massue. . . . . 1. CLAIRON.

Offrant cinq articles distincts; antennes grossissant insensiblement, souvent en scie . . . . 2. TILLE.

1er Genre.

CLAIRON, *Clerus.* Geoffroy.

Tarses n'offrant à la simple vue que quatre articles (le premier étant placé sous le second); antennes terminées en massue.

1. C. Violet; *C. Violaceus.*

D'un bleu violet; légèrement velu; antennes et pattes noires.

Geoff., n° 2, pag. 304, *le C. bleu.*

Lat., Nécrobie, n° 1, pag. 156, tom.

Il a deux à trois lignes de long. Les élytres sont ponctuées.

On le trouve fréquemment dans les montagnes du Lyonnais, sur les fleurs et sur les cadavres.

2. C. Rufficolle ; *C. Ruficollis.*

D'un bleu violet; corselet et base des élytres rougeâtres.
Lat., Nécrobie, n° 3, pag. 156, tom. 9.

Il est de la grandeur du précédent. Ses antennes sont noires. Ses élytres sont légèrement pubescentes et chargées de points rangés en stries. Ses pieds sont rougeâtres.
Bordeaux.

3. C. Mutillaire ; *C. Mutillarius.*

Noir, légèrement velu ; élytres rouges à leur base et ornées de trois bandes blanches.
Geoff., tom. 1, pag. 536, *le C. porte livrée.*
Lat., pag. 144, tom. 9.

Il a cinq lignes de long. Tout le reste de son corps est noir, excepté le ventre qui est rougeâtre.
Il n'est pas très-commun dans les montagnes du Lyonnais.

4. C. Formicaire ; *C. Formicarius.*

Rougeâtre en dessous; corselet et partie antérieure des étuis rouges; partie postérieure des élytres noire ornée de deux bandes blanches.
Fourcroy, tom. 1, pag. 135, var. A.
Encycl. méth., n° 6, pag. 13, tom. 6.

Il a près de cinq lignes de long. Les antennes, la tête et les pattes sont noires.
Commun près de Thizy, sur le bois mort.

5. C. Alvéolaire ; *C. Alveolarius.*

D'un noir violet; élytres rouges ornées de trois bandes d'un bleu foncé.
Geoff., n° 1, pag. 304, pl. 5, fig. 4, *le C. à bandes rouges.*
Lat., n° 1, pag. 153, tom. 9.

Il a six à huit lignes de long. Son corselet est velu.

Très-commun près de Thizy, sur les fleurs, principalement celles qui sont en ombelles.

6. C. Huit-ponctué; *C. Octopunctatus.*

Noir-bleuâtre velu; élytres rougeâtres ornées chacune de quatre points noirs.

Encycl. méth., n° 12, pag. 15, tom. 6.

Il a huit lignes de long. Les antennes sont noires. La base des étuis près de l'écusson a une tache bleuâtre.

Midi de la France.

7. C. Mou; *C. Mollis.*

Brun, velu; élytres jaunâtres ornées de deux bandes brunes.

Geoff., n° 3, pag. 305, *le C. porte-croix.*

Lat., Opile, n° 1, pag. 149, tom. 9.

Il est long de quatre lignes. Les pattes sont pâles avec les genoux bruns. Les étuis ont des stries formées par des points.

Rare près de Thizy.

2.me *Genre.*

TILLE [1], *Tillus.* Olivier.

Tarses offrant cinq articles distincts; antennes grossissant insensiblement, souvent en scie.

1. T. Allongé; *T. Elongatus.*

Noir; corselet rouge, velu.

Lat., n° 1, pag. 143, tom. 9.

---

[1] Étym. Τίλλῶ, je mords. La ténacité de ces insectes à pincer les doigts, est telle que M. Latreille raconte qu'un individu de ce genre avait préféré perdre la vie plutôt que de lâcher prise.

Il a sept lignes de long. On le trouve dans le Lyonnais, sur le bois mort, dans lequel sa larve vit aux dépens des autres larves lignivores.

2. T. Unifascié; *T. Unifasciatus.*

Noir; base des élytres rouges.

Lat., n° 4, pag. 145, tom. 9.

Ses antennes sont en scie, et ses élytres ont dans leur milieu une bande blanche.

Midi de la France.

Lettre Trente-unième.

LES PTINES.

On les divise ainsi :

<table>
<tr><td rowspan="4">Antennes</td><td colspan="2">En scie ou pectinées, plus courtes que le corps . . . . . . 1. Panache.</td></tr>
<tr><td rowspan="3">Simples</td><td>Plus courtes que le corps, et terminées brusquement par trois articles plus grands . . . . 2. Vrillette.</td></tr>
<tr><td>Aussi longues que le corps; filiformes ou sétacées. 3. Ptine.</td></tr>
</table>

1er Genre.

PANACHE [1], *Ptilinus.* Geoffroy.

Antennes en scie ou pectinées, plus courtes que le corps.

1. P. Pectinicorne; *P. Pectinicornis.*

Brune; étuis couleur marron; antennes et pieds rougeâtres.

Geoff., n° 1, pag. 65, *la P. brune.*

Elle a deux lignes de long.

---

[1] Étym. πτιλον, plume en panache.

Près de Thizy, sur le bois mort. Elle n'est pas fort commune.

2.me *Genre.*

Vrillette [1], *Anobium.* Fabricius.

Antennes simples plus courtes que le corps, terminées brusquement par trois articles plus grands; corselet arrondi.

A. *Élytres ornées de points rangés en stries.*

1. V. Striée; *A. Striatum.*

Brune, corselet comprimé; élytres ornées de stries formées par des points.

Geoff., n° 1, pag. 111; pl. 1, fig. 6, *la V. des tables.*

Lat., n° 3, pag. 183, tom. 9.

Elle a une ligne et demie de long. Son corps est couvert d'un léger duvet.

Très-commune dans les maisons.

2. V. Opiniatre; *A. Pertinax.*

Brune; corselet orné de quatre lignes élevées et de deux taches fauves aux angles postérieurs.

De Géer, pag. 227, pl. 8, fig. 24, tom. 4.

Lat., n° 2, pag. 182, tom. 9.

Montagnes du Lyonnais.

3. V. Marron; *A. Castaneum.*

D'un brun marron; yeux noirs.

Geoff., n° 3, pag. 112, *la V. fauve.*

Elle est pubescente, et son corselet a une ligne longitudinale enfoncée.

Dans toute la France.

---

[1] Étym. Αυα, de nouveau; Βιόω, je vis, parce que ces insectes semblent ressusciter après avoir contrefait les morts.

4. V. DE LA FARINE; *A. Paniceum*.

D'un fauve-brun clair; yeux noirs.

Geoff., n° 2, pag. 111.

Lat., n° 5, pag. 183, tom. 9.

Elle n'a qu'une ligne de long. Elle se distingue de l'espèce précédente par sa taille qui est moindre, et par son corselet qui est moins bossu.

Dans toute la France, où elle fait son profit des morceaux de pain sec qu'on néglige.

B. Élytres ponctuées sans ordre.

5. V. MARQUETÉE; *A. Tessellatum*.

Brune, corselet et élytres ornées de plaques de poils cendrés.

Geoff., n° 4, pag. 112, *la V. savoyarde*.

Lat, n° 1, pag. 182, tom. 9.

Elle a deux à trois lignes de long. Ses antennes sont fauves.

Lyonnais.

6. V. MOLLE; *A. Molle*.

D'un brun un peu fauve; yeux noirs.

Geoff., n° 3, pag. 112, *la V. fauve*.

Lat., n° 7, pag. 184, tom. 9.

Elle est un peu moins grande que la précédente.

Montagnes du Lyonnais.

3me Genre.

PTINE, *Ptinus*. Linné.

Antennes aussi longues que le corps; filiformes ou sétacées.

A. Corselet arrondi.

1. P. MARRON; *P. Scotias*.

Testacé ; élytres soudées, antennes et pieds pubescens.

Geoff., n° 2, pag. 164, *la Bruche sans ailes.*

Lat., Gibbie, pag. 177, tom. 9.

Il a environ une ligne de long.

Lyonnais. Dans les herbiers. Il est lucifuge.

B. *Corselet étranglé en arrière.*

2. P. Voleur ; *P. Fur.*

D'un brun clair ; corselet à quatre dents ; élytres ornées de deux bandes blanchâtres.

Geoff., n° 1, pag. 164, *la Bruche à bandes.*

Lat., n° 2. pag. 173, tom. 9.

Il est un peu plus grand que le précédent. Les élytres ont des stries ponctuées.

On le trouve dans les maisons. Il est commun dans les montagnes du Lyonnais.

3. P. Bidenté ; *P. Bidens.*

D'un brun fauve ; corselet bidenté.

Lat., pag. 175, tom. 9.

Ses élytres sont noirâtres et striées.

Montagnes du Lyonnais.

4. P. Pubescent ; *P. Pubescens.*

Noir pubescent ; élytres fauves pointillées.

Lat., n° 3, pag. 174, tom. 9.

Il a une ligne et demie de long. Ses antennes et ses pattes sont noires.

Montagnes du Lyonnais.

Lettre Trente-deuxième.

LES LIME-BOIS.

Divisions.

Élytres {
N'embrassant pas les côtés du ventre; palpes moins longs que
la tête; antennes filiformes. . . . . 1. LIME-BOIS.

Embrassant les côtés du ventre; palpes maxillaires plus longs
que la tête; antennes grossissant vers leur extrémité. . . 2. SCYDMÈNE.

1er Genre.

LIME-BOIS, *Limexylon*. Fabricius.

Élytres n'embrassant pas les côtés du ventre; palpes moins longs que la
tête; antennes filiformes.

1. L. NAVAL; *L. Navale.*

Élytres jaunâtres; noires à leur extrémité et sur leur bord extérieur.

Lat., n° 4, pag. 135, tom. 9.

Tout son corps est à peu près de la couleur de ses étuis; sa tête et ses antennes sont noires.

Montagnes du Lyonnais. Dans les bois, particulièrement ceux de sapins; rare.

2me Genre.

SCYDMÈNE [1], *Scydmænus*. Latreille.

Élytres embrassant les côtés du ventre; palpes maxillaires plus longs que
la tête; antennes grossissant vers leur extrémité.

1. S. DE GODART; *S. Godarti.*

---

[1] Étym. Σκύδμαινος, farouche.

D'un brun marron, velu ; corselet allongé.

Lamarck, n° 2, pag. 460, tom. 4.

On le trouve sous les pierres. Consacré à la mémoire du célèbre entomologiste français, feu Godard.

Lettre Trente-troisième.

LES STAPHYLINS.

Cette famille, dont M. Gravenhorst a donné une excellente monographie, peut se réduire aux genres suivans :

Tête				
Dégagée du corselet.	Labre profondément échancré.		Antennes perfoliées, grossissant vers le sommet ; corps court ; palpes labiaux renflés à l'extrémité . . . 1. Oxypore.	
			Antennes filiformes ; corps allongé ; palpes filiformes . . . . 2. Staphylin.	
	Labre entier.	Palpes maxillaires presque aussi longs que la tête ; antennes souvent terminées par une espèce de massue de deux ou trois articles. . . . . . 3. Pædère.		
		Palpes maxillaires plus courts que la tête ; antennes insérées	Devant les yeux, sous un rebord, et formant souvent une inflexion en forme d'S . . . 4. Oxytèle.	
			A nu entre les yeux. 5. Aléochare.	
Enfoncée dans le corselet jusque près des yeux . . . . . 6. Tachine.				

1.er Genre.

Oxypore [1], *Oxyporus.* Fabricius

Tête dégagée du corselet; labre profondément échancré; antennes perfoliées grossissant vers le sommet; corps court, palpes labieux renflés à l'extrémité.

1. O. Roux; *O. Rufus.*

Fauve; tête, partie des élytres et extrémité du ventre noirs.

Geoff., n° 22, pag. 370, *le S. à tête, étuis et anus noirs.*

Lat., n° 1, pag. 358, tom. 9.

Il a quatre lignes de long. Ses élytres sont noires, et ont à leur base une tache fauve.

Montagnes du Lyonnais, dans les bolets.

2.me Genre.

Staphylin, *Staphylinus.* Linné.

Tête dégagée du corselet; labre profondément échancré, antennes filiformes corps allongé; palpes filiformes.

A. *Corselet entièrement ponctué; corps velu ou pubescent.*

1. S. Bourdon; *S. Hirtus.*

D'un noir bleuâtre en dessous; tête; corselet et derniers anneaux du ventre couverts de poils d'un jaune doré.

Geoff., n° 7, pag. 363.

Lat., n° 1, pag. 292, tom. 9.

Il a près d'un pouce de long. La dernière moitié de ses élytres est cendrée.

---

[1] Étym. Ὀξύπορος, qui passe rapidement; parce qu'ils traversent avec rapidité les galeries qu'ils ont pratiquées dans les bolets, pour se soustraire aux recherches de l'entomologiste.

Montagnes du Lyonnais. Sous les bouses, dans les terrains exposés au midi.

2. S. Souris; *S. Murinus.*

D'un noir bleuâtre en dessous; tête, corselet et élytres gris tachetés de noir.

Lat., n° 4, pag. 294, tom. 9.

Il a six lignes de long. Son écusson est jaunâtre; les pattes sont noires.

Lyonnais. Dans les fumiers, surtout ceux de chevaux.

3. S. Chrysocéphale; *S. Chrysocephalus.*

Tête jaunâtre; corselet et étuis d'un brun clair tachetés de noir.

Geoff., n° 8, pag. 363, *le S. à tête jaune.*

De la grandeur du précédent. Les quatre à cinq premiers articles des antennes sont fauves.

Lyonnais.

4. S. Érythroptère; *S. Erythropterus.*

Noir; élytres et pieds roux, base des antennes fauve.

Geoff., n° 9, pag. 364, *le S. à étuis couleur de rouille.*

Lat., n° 9, pag. 297.

Il a six à huit lignes de long. Le ventre a de chaque côté sur chaque anneaux des taches formées par des poils d'un jaune doré. La base des antennes est de la couleur des étuis.

Montagnes du Lyonnais.

5. S. Stercoraire; *S. Stercorarius.*

Noir; élytres et pieds roux: antennes brunes.

Lat., n° 11, pag. 299.

Il a environ quatre lignes de long. Le ventre a des plaques formées par des poils jaunes.

Lyonnais.

B. Corselet entièrement ponctué ; corps glabre.

6. S. ODORANT ; *S. Olens.*

Noir, sans taches ; dernier article des antennes échancré en demi-lune.

Geoff., n° 1, pag. 360, *le grand S. noir lisse.*

Lat., n° 16, pag. 302, tom. 9.

Il a au moins un pouce de long. Il est entièrement d'un noir mat.

Il est commun près de Thizy. Dans les chemins et dans les fumiers.

7. S. BLEU ; *S. Cyaneus.*

Noir ; tête, corselet et élytres bleus.

Geoff., n° 2, pag. 361.

Lat., n° 19, pag. 304, tom. 9.

Il a sept à huit lignes de long. Ses antennes et ses pattes sont noires.

Dans les pâturages montagneux du Lyonnais, sous les pierres.

8. S. SEMBLABLE ; *S. Similis.*

Noir, sans taches ; tête et corselet luisans.

Geoff., n° 3, pag. 361, *le petit S. noir.*

Lat., n° 17, pag. 302, tom. 9.

Il n'est guère que moitié du S. Odorant. Le dernier article de ses antennes est ové.

Montagnes du Lyonnais. Assez rare.

C. Corselet lisse ou n'ayant qu'un petit nombre de points ; corps pubescent.

9. S. MAXILLAIRE ; *S. Maxillosus.*

Noir ; moitié des élytres grise, tachetée de noir ; plaques de poils gris sur le ventre.

Geoff., n° 5, pag. 362, *le S. nébuleux.*

Lat., n° 2, pag. 293, tom. 9.

Il a huit lignes de long. Le dessous a des poils gris. Tout le reste du corps est noir.

Montagnes du Lyonnais. Dans les bouses et dans les cadavres.

D. Corselet lisse ou n'ayant qu'un petit nombre de points ; corps glabre.

10. S. Brillant ; *S. Fulgidus.*

Noir, brillant ; élytres, pieds et extrémité du ventre fauves.

Lat., n° 90, pag. 332, tom. 9.

Il a cinq à six lignes de long. Les antennes sont d'un brun rougeâtre, les ailes brunes.

Il n'est pas rare dans les fumiers et dans les pâturages.

11. S. Bipustulé ; *S. Bipustulatus.*

D'un noir brillant ; élytres à taches ferrugineuses et suture noire.

Lat., n° 59, pag. 321, tom. 9.

Il a trois lignes de long. La base des cuisses est fauve.

Lyonnais. Dans les bouses et les fumiers.

12. S. Sanguinolent ; *S. Sanguinolentus.*

D'un noir luisant; élytres à taches et suture ferrugineuses.

Lat., n° 58, pag. 320, tom. 9.

Il est un peu plus grand que le précédent.

Il se trouve dans les mêmes lieux ; mais plus communément.

13. S. Déprimé ; *S. Depressus.*

D'un noir luisant ; élytres fauves, noires à l'extrémité.

Lat., Lathrobie, n° 12, pag. 341, tom. 9.

Il a environ trois lignes de long. Tout le bord extérieur des élytres est fauve ; les antennes et les pattes sont d'un brun ferrugineux.

Lyonnais.

3.me *Genre.*

PÉDÈRE [1] , *Pæderus.* Fabricius.

Tête dégagée du corselet; labre entier; palpes maxillaires presque aussi longs que la tête; antennes souvent terminées par une espèce de massue de deux ou trois articles.

A. *Yeux non globuleux ; tête moins large que longue.*

1. P. DES RIVAGES ; *P. Riparius.*

Ferrugineux; élytres d'un bleu foncé; extrémité du ventre noire.

Geoff., n° 21, pag. 369, *le S. à tête noire et étuis bleus.*
Lat., n° 2, pag. 345, tom. 9.

Ce joli insecte a près de trois lignes de long. Les derniers anneaux de ses antennes sont noirs.

Très-commun dans les montagnes du Beaujolais, sur les bords des ruisseaux.

2. P. RUFICOLLE ; *P. Ruficollis.*

Noir ; corselet rougeâtre ; élytres d'un bleu foncé.
Geoff., n° 23, pag. 370, *le St. noir à corselet rouge.*
Lat., n° 1, pag. 343, tom. 9.

Il est un peu plus grand que le précédent; son ventre et ses pattes sont noirs.

Lyonnais. Sur les bords des ruisseaux.

3. P. ORBICULAIRE ; *P. Orbiculatus.*

Tête grosse et orbiculaire ; antennes et pieds rougeâtres.
Lat., n° 3, pag. 346, tom. 9.

---

[1] Παιδέρως, Étymologie incertaine. Les pédères vivent de sable et des résidus boueux que les eaux laissent sur les bords, ainsi que l'a remarqué M. Foudras, *obs. sur le Trydactile*, pag. 13.

Il a deux lignes et demie de long. La tête et le corselet sont fortement pointillés.

Sous les pierres, dans les lieux humides. Il paraît dans les premiers beaux jours.

4. P. Testacé ; *P. Testaceus.*

D'un brun ferrugineux ; pieds et ventre plus pâles.

Encycl. méth., n° 5, pag. 628, tom. 6.

Il a environ trois lignes de long. L'extrémité des antennes est brune ; les yeux sont noirs ; les élytres pointillées.

Sous les pierres, dans les lieux humides et ombragés.

B. *Yeux globuleux ; tête plus large que longue.*

5. P. Junon ; *P. Juno.*

D'un noir mat ; pattes jaunâtres ; genoux noirs.

Geoff., n° 24, pag. 371.

Lat., Stène, n° 1, pag. 352, tom. 9.

Il a près de trois lignes de long. Sa tête est plus large que son corselet ; ses yeux sont très-saillans. Les étuis ont souvent un point jaune sur chacun. Les palpes sont noirâtres.

Dans le sable, sur le bord des ruisseaux.

6. P. Bimoucheté ; *P. Biguttatus.*

D'un noir mat ; pattes noires.

Lat., Stène, n° 2, pag. 352, tom. 9.

Il a deux lignes et demie de long, et ressemble au précédent, dont il est distingué par ses palpes et ses pieds noirs.

Mêmes lieux.

7. P. Clavicorne ; *P. Clavicornis.*

Noir ; milieu des antennes fauve.

Lat., Stène, n° 5, pag. 353, tom. 9.

Il est un peu moins grand que le précédent. Les antennes sont assez-fortement clavées. Tout son corps est noir.

Dans les lieux ombragés, sur les bords des ruisseaux.

4.me Genre.

Oxytèle [1], *Oxytelus.* Gravenhorst.

Tête dégagée du corselet; labre entier; palpes maxillaires plus courts que la tête; antennes insérées devant les yeux, sous un rebord, et formant souvent une inflexion en forme de S.

1. O. Caréné; *O. Carinatus.*

Noir, luisant; corselet à quatre ou cinq sillons; élytres brunes.

Geoff., n° 16, pag. 367, *le S. noir à corselet sillonné et bordé.*
Lat., n° 6, pag. 363, tom. 9.

Il a deux lignes de long. Les pattes sont ordinairement fauves ainsi que les antennes; mais la couleur de ces parties varie.

Lyonnais. Sur les bords des ruisseaux.

2. O. Jayet; *O. Piceus.*

Noir, luisant; corselet sillonné; pattes pâles.
Lat., n° 5, pag. 363, tom. 9.

De la grandeur du précédent. Le corselet a trois sillons et un enfoncement de chaque côté. Les élytres varient du noir au pâle.

Il n'est pas rare dans les montagnes du Lyonnais. On le trouve surtout au printemps dans les bouses.

3. O. Caraboïde; *O. Caraboides.*

---

[1] Étym. Ὀξύς, vite; Τελεῖν, arriver. Ainsi nommés, à cause de leur agilité.

Fauve pâle; extrémité du ventre noire; antennes presque aussi longues que le corps.

Lat., Lestève, n° 1, pag. 367, tom. 9.

Il a deux lignes de long. Son corselet et ses antennes sont plus rouges que le reste du corps.

Lyonnais. Sur les fleurs.

4. O. Pointillé; *O. Punctulatus.*

Noir, finement ponctué; antennes et pattes obscures.

Lat. Lestève, n° 8, pag. 369.

Il a deux lignes de long. Le corselet est en cœur tronqué.

Midi de la France, dans les lieux humides.

5. O. Floral; *O. Floralis.*

Noir luisant; antennes, bouche et pattes fauves.

Lat., Omalie, n° 10, pag. 373, tom. 9.

Il a une ligne et demie de long. Son corselet est lisse; ses élytres égalent presque en longueur la tête et le corselet, et son ventre n'est guère plus long.

Lyonnais. Sur les fleurs, surtout au printemps.

5me Genre.

Aléochare [1], *Aleochara.* Gravenhorst.

Tête dégagée du corselet; labre entier; palpes maxillaires plus courts que la tête; antennes insérées à nu entre les yeux.

1. A. Cannelée; *A. Canaliculata.*

Jaunâtre; corselet sillonné; tête et ventre ornés d'un cercle noir.

---

[1] Étym., Ἀλέω, je réunis; Χάραξ, sillon. Ainsi nommés, parce que plusieurs se réunissent en famille dans les sillons qu'ils forment dans les bolets.

Lat., n° 1, pag. 378, tom. 9.

Elle a deux lignes et demie de long. Les antennes sont noires ausommet; le ventre a un cercle noir à l'extrémité.

Montagnes du Lyonnais. Sous les pierres, surtout en automne.

2. A. à COLLIER ; *A. Collaris.*

Jaunâtre ; tête, élytres et extrémité du ventre noires.
Lat., n° 6, pag. 379.

Elle a à peine deux lignes de long. Son corselet est finement ponctué. Sa poitrine est noire.

Lyonnais. Sous les pierres ; rare.

3. A. du BOLET ; *A. Boleti.*

Noire ; pattes et souvent même les élytres et les antennes pâles ou rougeâtres.
Lat., n° 21, pag. 384, tom. 9.

Elle a une ligne et demie de long. Parfois le milieu seul des élytres est rougeâtre.

Dans les bolets, où elle vit en société.

6ᵐᵉ Genre.

TACHINE [1], *Tachinus.* Gravenhorst.

Tête enfoncée dans le corselet jusque près des yeux.

A. *Jambes sans épines.*

1. T. PARADOXAL ; *T. Paradoxus.*

D'un brun rougeâtre déprimé ; élytres et corselet sans rebords.

---

[1] Étym. Ταχινὸς, agile. Ils courent avec vitesse.

Lamarck, Loméchuse, n° 2, pag. 489, tom. 4.

Le corselet est beaucoup plus large que la tête. Les élytres sont très-courtes et plus pâles que le corselet. La poitrine est noire.

Dans les bolets.

2. T. Bipustulé ; *T. Bipustulatus.*

Noir luisant ; élytres ornées chacune d'une tache rougeâtre.

Lamarck, Loméchuse, n° 1, pag. 489, tom. 4.

Il a deux lignes de long. La tache qu'on remarque sur chaque élytre est située à leur angle extérieur.

Dans les agarics.

B. *Jambes épineuses.*

3. T. Tête-noire ; *T. Atricapillus.*

Ferrugineux ; tête noire ainsi que la moïtié des élytres et l'extrémité du ventre.

Lat., n° 19, pag. 399, tom. 9.

Il a trois lignes de long. L'écusson et la poitrine sont noirs, ainsi que les deux derniers segmens du ventre.

On le trouve dans les bolets. Rare dans les montagnes du Lyonnais.

4. T. Rufipède ; *T. Rufipes.*

D'un noir brillant ; pieds ferrugineux.

Lat., n° 4, pag. 394, tom. 9.

Il a environ deux lignes de long. Ses antennes sont brunes, fauves à la base. La couleur des élytres varie.

Dans les agarics et le fumier.

5. T. Souterrain ; *T. Subterraneus.*

D'un noir brillant ; élytres rougeâtres à leur bord extérieur.

Lat., n° 1, pag. 393, tom. 4.

Il a environ deux lignes de long. Le ventre égale en longueur la tête et le corselet, et son dernier segment est double des autres. Les tarses sont rougeâtres.

Dans les vieux agarics.

6. T. ANAL; *T. Analis.*

Noir brillant; élytres, extrémité du ventre et pieds roux.
Lat., n° 20, pag. 399, tom. 9.

Il a trois lignes de long. les antennes sont noires dans leur milieu, et fauves à la base et à l'extrémité.

Près de Thizy. Dans les fumiers.

FIN DU TOME PREMIER.

TABLE

[*] Nous avons indiqué en lettres italiques les genres que nous n'avons pas cru devoir adopter.

B.

C.

M.

O.

P.

TABLE

DES MATIÈRES CONTENUES DANS CE VOLUME.

FIN DE LA TABLE DU PREMIER VOLUME.

ERRATA.

Page 29, ligne 2, *désertes*, lisez *déserte*.
— 33, — 1, *régies*, lisez *régis*.
— 35, — 16, *enetrcoupés*, lisez *entrecoupés*.
— 39, — 2, *vingt*, lisez *vingt-cinq*.
— 42, — 13, *d'aiguilles*, lisez *des aiguilles*.
— id. — id. *de lancettes*, lisez *des lancettes*.
— 47, — 20, *frappés*, lisez *frappées*.
— 64, — 23, *gloire ó*, lisez *gloire à*.
— 76, — 1, *ces*, lisez *ses*.
— 81, — 16, *tous*, lisez *toutes*.
— 86, — 28, *vainqueur*, lisez *vainqueurs*.
— 164, — 7, *s'écoue*, lisez *s'écoule*.
— 254, — 2, *retrier*, lisez *retirer*.
— 262, — 24, *Terchault*, lisez *Ferchault*.
— 208, — 13, *Faudras*, lisez *Foudras*.
— 270, — 25, *Mſigen*, lisez *Meigen*.
— 299, — 24, *noirs*, lisez *noire*.
— id. — 26, χωλοσο, lisez χωλός.
— 340, — T. *Marginé*; E. *Marginatus*, lisez T. *à bande*; E. *Vittatus*.

ADDENDA.

— 314, après la ligne 14, D. DYDIME; D. *Dydimus*.

www.ingramcontent.com/pod-product-compliance
Lightning Source LLC
LaVergne TN
LVHW010724060726
842527LV00002B/219